美育简本

中国古代饮食文化一〇〇问

吴芸芸 著

海峡出版发行集团
THE STRAITS PUBLISHING & DISTRIBUTING GROUP
福建美术出版社

图书在版编目（CIP）数据

中国古代饮食文化 100 问 / 吴芸芸著 . -- 福州 : 福建美术出版社 , 2025.4
（美育简本）
ISBN 978-7-5393-4550-5

Ⅰ . ①中… Ⅱ . ①吴… Ⅲ . ①饮食 - 文化 - 中国 - 古代 - 问题解答 Ⅳ . ① TS971.202-44

中国国家版本馆 CIP 数据核字 (2024) 第 028566 号

美育简本 · 中国古代饮食文化 100 问

吴芸芸　著

出 版 人　郭　武
责任编辑　郑　婧　侯玉莹
装帧设计　李晓鹏　陈　秀

出版发行　福建美术出版社
地　　址　福州市东水路 76 号 16 层
邮　　编　350001
网　　址　http://www.fjmscbs.cn
服务热线　0591-87669853（发行部）　87533718（总编办）
经　　销　福建新华发行（集团）有限责任公司
印　　刷　福建新华联合印务集团有限公司
开　　本　889 毫米 × 1194 毫米　1/32
印　　张　6.5
版　　次　2025 年 4 月第 1 版
印　　次　2025 年 4 月第 1 次印刷
书　　号　ISBN 978-7-5393-4550-5
定　　价　48.00 元

若有印装问题，请联系我社发行部

公众号　艺品汇　天猫店　拼多多

本书编写组

吴芸芸（著）

参编人员：叶方舟　武雨佳

目　录

烹调五味

茶酒饮料

食俗思想

食　材

1. “五谷”指哪 5 种谷物?

五谷原指 5 种主要的粮食作物，一般认为包括稻、黍、稷、麦、菽，具体指的是水稻、黄米、小米、麦类和豆类。随着作物品种增多，五谷逐渐演变成粮食作物的统称。这些粮食作物在人类的饮食文化中占有重要的地位，不仅满足了人类基本的食物需求，也反映了农业文明的发展历程和经济发展的水平。

水稻是世界上第一大粮食作物，全球有一半以上的人口以稻米为主食。中国是稻米的故乡，在距今约1万年前的上山遗址中，研究人员就发现了从水稻收割、加工到食用的较为完整的证据链，这是目前已发现的世界上最早的稻作农业遗存。而河姆渡遗址，还发现了大量的稻谷堆积，总量约100吨，可供400多人1年的口粮。数量如此之多的稻作遗存，说明早在7000多年前，我国长江中下游的原始居民就已经熟练掌握水稻的种植技术了。

黍是中国原产的粮食作物，在中国历代史书、诗词、农书等文献中都有记载。去皮后的黍叫黄米，比小米稍大，煮熟后有黏性，可以酿酒做糕，是中国古代重要的粮食作物。用它加工的米、面制品是中国北方地区人民的主要食物之一。

图1　明·《三才图会》中的五谷

稷就是我们现在说的小米，也叫粟，俗称谷子，在中国古代被称为“五谷之神”，与土神合称“社稷”。土载育万物，谷养育民众，土地、谷是人们首要的、最基本的生活条件，因而也必然是古代中国的立国之本、立政之基。如此一来，土谷之神“社稷”便常常被用来指代国家或朝廷。

小麦是世界上普遍种植的粮食作物，原产地为西亚。我国早在5000年前的新石器时代晚期就已经开始种植小麦。中国自古有粒食的传统，麦子粒食口感不及小米，所以秦汉之前人们仍以粟为主要农作物。同时，灌溉也是制约小麦大规模发展的另一个主要原因。至秦汉时期，精耕细作水平和抗旱保墒耕作能力的提高，以及石磨的大规模推广，促使小麦迎来它在中原地区的首个种植高潮。秦汉以后，在北方，黍、粟的主食地位逐步让给小麦。隋唐之后，以小麦为主的麦类作物的地位上升，成为黄河流域最重要的农作物之一。到了明清时期，黄河流域的小麦在粮食构成中已经占据了半壁江山，即使在种植水稻的南方，小麦种植面积也不少。当时，粟的地位已经退居小麦之后，位居第三。

菽就是大豆，一般认为，大豆起源于中国。栽培大豆是由野生大豆逐渐进化发展而来的。商周以后（3000多年前），栽培大豆品种趋于成熟，它作为“五谷”之一，春秋战国时期就成了人们日常的基本食粮之一。除了作为主食的“豆饭”“豆羹”，入菜的豆叶——“藿”，还有豆芽、豆酱、豆浆、腐竹、豆腐等大豆制品，它们都体现了大豆对我国饮食文化的特别意义。

2. 五谷中为什么没有玉米?

可以说，玉米在我们日常生活中是出现得十分频繁的，不管是用蒸、煮、烤类这种简单的方式来烹饪，还是磨成粉来制作面食，甚至榨汁饮用，都有其独特的风味，爱之者众。那么，为什么古代文献记载提及的五谷中并没有出现过玉米呢？

图 2-1 《植物名实图考》中的玉米

其实，玉米并不是中国自古就有的，它的老家是遥远的美洲大陆，1492年哥伦布到达美洲后，玉米才陆续传到美洲以外的世界各国。玉米传入中国的时间并没有具体记载，但大约是在16世纪。这一时期，也就是中国的明代时期，许多地方县志中开始出现玉米的记载。可以推测，它是经过多条途径和不同渠道传入中国的，主要有以下3条途径：从西班牙传入波斯、中亚，经过陆上丝绸之路传入甘肃等西北地区；从欧洲传入印度、缅甸，再传入云南等西南地区；从欧洲传入东南亚地区，再经海上丝绸之路传入广东、福建等东南沿海地区。

玉米在不同时期、不同地区还有玉蜀黍、苞谷、玉麦、番麦、御麦等名字。明代田艺蘅的《留青日札》（1573）中说："御麦出于西番，旧名番麦，以其曾经进御，故名御麦。"可以看出，玉米最初是西边来的外国使节觐见时带给皇帝的珍贵礼物，所以被称为“御麦”。而它有“番麦”“西番麦”“西天麦”等名称，也是因为人们认为它是由西边的丝绸之路传入的，当时的舶来品普遍被冠以“番”姓，番茄、番石榴等都是因此得名的。总的来说，玉米在明代时种植并不广泛，主要是在北方地区。虽然现在已经随处可见，但在当时也算是一样珍品，人们还会把玉米和烧鹅肉等一些名贵的菜肴搭配食用。

清代时，全国各地陆续开始种植玉米，相关记载也多了起来。湖北的《建始县志》就有记载：“邑境山多田少，居民倍增，稻不足以给，则于山上种苞谷、洋芋、荞麦、燕麦或蕨蒿之类。深林剪伐殆尽，巨阜危峰，一望皆苞谷也。”玉米因其产量高、易种植的优点逐渐成为人们的主粮之一。

图 2-2　清·玉米，台北故宫博物院藏

3. 古人不能吃牛肉吗?

牛肉是现在我们餐桌上的常见肉食，潮汕牛肉火锅、水煮牛肉、小炒黄牛肉、煎牛排、寿喜烧、牛肉干……无论是中餐还是西餐，炒菜还是零食，都有牛肉的身影。那么，如果我们穿越回古代，还能正常享用牛肉吗?

早在商代和更早以前的原始社会，人们捕猎和驯化牛就是为了食用的，因为那时还没有牛耕技术，牛除了食用，基本没有别的作用。

而到了西周时期，牛作为“三牲”之一，开始用于祭祀，成了高规格肉食。《礼记·王制》中有“诸侯无故不杀牛”的规定，当时只有天子可以随意食用牛肉，而天子以下，包括诸侯平时想吃牛肉都是不被允许的。

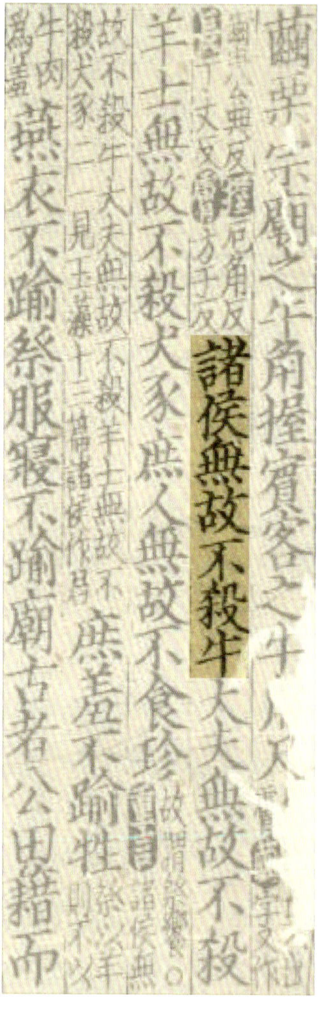
繭栗宗廟之牛角握賓客之牛
諸侯無故不殺牛大夫無故不殺
羊士無故不殺犬豕庶人無故不食珍
庶羞不踰牲
燕衣不踰祭服寢不踰廟古者公田藉而

图 3-1 《礼记·王制》：“诸侯无故不杀牛。”

春秋战国时，铁器和牛耕出现，但还并未大范围普及，没有明文规定禁止杀牛，吃牛肉也是合法的。

秦汉时期，自秦始皇统一中国后，禁止民间私宰耕牛。但汉代的《汉律》中只规定了“不得屠杀少齿”，允许宰杀病牛和老牛，只是需要上报官府，经过验看后才能宰杀出售，吃牛肉也是合法的。司马迁在《史记》中记载，汉文帝时期，有一位名叫魏尚的将军抵御匈奴时，为了激励士气，每5天杀一头牛给军士吃。于是，军士奋勇杀敌，以致“匈奴远避，不近云中之塞”。可以看出，这时牛肉依然是高规格肉食，普通军士平日是吃不到的，所以杀牛飨士才会有如此大的激励作用。

魏晋南北朝时期，因为很多政权的统治者是游牧民族出身，所以大多不禁止杀牛和食用牛肉。北魏时贾思勰在《齐民要术》中还记载了多种牛肉的吃法，有肉酱、五味脯、夏白脯、捧炙、腩炙等。

唐代是不允许宰杀牛的。但自然死亡的牛，经过上报官府并检验后，允许销售或自家食用。因为唐代社会的发展主要还是依靠农业，大部分农户在田里劳作时要依靠牛来犁地和拉车，牛就是保障农业稳定发展的基础，所以政府禁止杀牛。

宋代，只有自然死亡的牛，才被允许屠宰食用。从北宋初年到南宋灭亡，300年间出了十几个皇帝，光是禁止屠牛的圣旨就颁布了200多道，几乎称得上1年1道圣旨。再看法律，从北宋前期根据唐代法律制定的法典《宋刑统》，到南宋中叶修编的法典《庆元条法事类》，再到现存《宋会要辑稿》刑法部分，都载有非常严厉的禁令。宰杀耕牛、私宰病牛、误伤官府之牛、偷盗邻家之牛，种种罪行均有判例。杀牛之人的惩罚条目相当明确，轻则罚金，重则徒刑，最重者死刑。

元代时，由于蒙古族的游牧背景，禁屠令名存实亡，还出现了耕牛之外专为食用而饲养的肉牛。

明清时期，老病的耕牛是可以宰杀出售的，但也需上报县衙，吃牛肉也是合法的。

总的来看，古代大部分时期只是禁止宰杀耕牛，并不禁止食用牛肉。但自然死亡的大多是老牛，肉质和口感都与猪肉等肉类相差甚远，价钱也便宜，甚至有时政府对牛肉还有限价。《宋会要·刑法志》（宋会要辑稿）中提到："伏望特下有司立法，凡倒死牛肉每斤不得过二十文。盖一牛之价不过五七千，一年之肉不下三二百斤，肉每斤价值需百钱。"《明史管见》中也记载了万历年间北京的牛肉是9文1斤，而猪肉则是13文1斤。可以看出，政府对牛肉的限价是非常低的，这也是当时一种保护农业发展的经济手段，商人贩卖牛肉无利可图，就不会宰杀耕牛了。

图 3-2　魏晋·放牧图画像砖，高台县博物馆藏

4. “六畜三牲”分别指什么?

中国古人将常见的家畜总结为“六畜”和“三牲”，那么它们具体指哪些牲畜呢?

“六畜”一般指马、牛、羊、猪、狗、鸡，是古人摄食肉类的主要来源。启蒙读物《三字经》中说：“马牛羊，鸡犬豕。此六畜，人所饲。”说明“六畜”是人驯化后饲养的家畜，而不是直接捕猎来的野生动物。六畜各有所长，在古代社会里为人们的生活提供了基本保障。

其中，马一般用于交通运输，是重要的物资，作为肉食的机会相对较少。而牛是古代的高规格肉食，上古时期主要是天子和贵族食用。春秋中后期，牛开始用来耕地，此后的大部分朝代更是明令禁止宰杀耕牛。但随着养牛业的发展和游牧民族的内迁，大批专门用来食用的牛羊进入内地，养牛业、养羊业迅猛发展，从此长盛不衰。在整个中国古代社会的肉食资源中，牛肉的比重始终稳定地排在羊肉、猪肉之后。羊一直是味道鲜美的象征，古人认为鱼和羊的味道最为美味，所以“鲜”字就由此组成。早在距今4000多年前的龙山时期，人们的膳食中就有了羊肉烹调的美味。先秦时期，羊是贵族阶层最平常的肉食。汉代的养羊业十分繁荣。史籍记载，很多人家因拥有“千只羊”而“富比千户侯”。古时羹食在膳食中占有很重要的比重，“羹”字从羔、从美，也许是古人觉得用羊羔肉煮出的羊羹味道最为鲜美，所以成就了这个“羹”字。猪是中国史前遗址中最常见的家畜之一，秦汉及之前的时期，猪的名称并未统一，称“猪”“彘”“豕”“豚”都是可以的。我们熟悉的“家”字，便是屋顶下有豕的意思，可见猪在当时饲养业中的重要地位。狗是我国最早驯化的动物之一。早在商周时期，狗肉便是宫廷宴席、祭祀活动中不可缺少的美味，秦汉时已有专业的屠狗者出售狗肉。马王堆汉墓遣策简中记载了许多关于狗肉的料理，如狗巾羹（狗肉芹菜羹）、狗苦羹（狗肉苦菜羹）、犬肝炙（烤狗肝）等。养鸡业自先秦以来长盛不衰，汉晋时期，养鸡技术较前有了很大的提高，由放养转为圈养，这使鸡的死亡率降低，成熟期缩短。由于量多价低，鸡肉成为普通百姓餐桌上的首选肉食。

古人将祭祀时宰杀的牲畜称为“牺牲”，其中，牛、羊、猪被称为“三牲”。当三者齐全时，也称“太牢”，用于隆重的祭祀，一般是天子或诸侯使用。而祭祀中只使用羊和猪两种的则叫作“少牢”，一般是诸侯、卿大夫祭祀宗庙时使用的。

5.《诗经》中有哪些蔬菜？

蔬菜很早就成为中国先民的食物了，但最初时由于食物匮乏，蔬菜和主食并没有明确的界限，都是用来果腹的。中国古代对可食用的植物统称为“疏”，直到汉代，在上面加了草字头成了“蔬”，一般用来区分野菜和人工种植的蔬菜。

中国早期比较详细的关于蔬菜的记载是在《诗经》中。《诗经》是我国第一部诗歌总集，共收录了西周初年到春秋中期大约500年间的诗歌305篇，其中提到了百余种植物，但可食用的只有一小部分——仅几十种，有芥（芥菜）、蒲、葑（芜菁）、菰（茭白）、荼（苦菜）、荇菜、荠（荠菜）、菱（菱角）、芹（水芹）、卷耳、茎（球甘蓝）、藿（豆叶）、蘩（白蒿）、蕨、薇、藻、堇、茆（莼菜）、葵（冬寒菜）、韭、荷（莲藕）、瓠（葫芦）等，大部分还是人们采集的野菜，只有少数几种是人工栽培的。

《诗经》中提到的蔬菜，有莼菜、荇菜之类的美味，一般供贵族享用，也有许多像卷耳、蓫一类口感粗糙、难以下咽的野菜。不同于如今我们为了养生而主动食用野菜，先秦时期生产力相对低下，人们不得不采集、食用野菜作为日常食物的补充，只是为了填饱肚子，并不过多关注口感。后来人们有了更多选择，也就基本不再继续食用这些了。

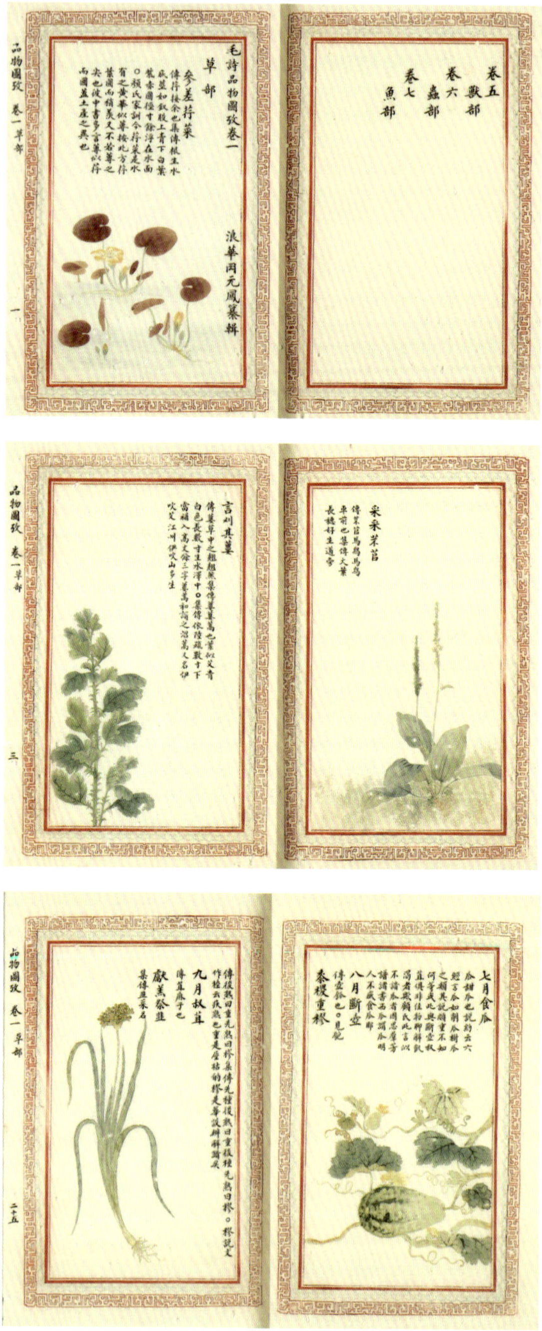

图 5 清·[日]冈元凤纂辑《毛诗品物图考》彩绘本中的蔬菜

6.“青青园中葵”的“葵”是什么？

汉乐府中有一首《长歌行》：“青青园中葵，朝露待日晞。”很多人误认为“葵”是现在的向日葵，其实不然。这里的“葵”又叫“冬寒菜”。《尔雅·翼》说：“葵为百菜之主，味尤甘滑。”所以葵也被叫作“滑菜”。葵既可以作为蔬菜，也可以作为家畜的饲料，茎叶还可以药用。所以也成为最早开始人工栽培的蔬菜之一。大约在西周时期，葵菜就基本实现了人工培育。

葵菜还可以制作成葵菹和干葵，就是将葵腌制和晒干。这两种葵制品都是可以长期保存的。

图 6-1　葵菜
引自孙机《中国古代物质文化》

汉代时，葵菜还是戍边官兵食用的主要蔬菜品种，种植面积超过了葱和韭菜的总和。春秋至西晋时期，还设有专门的葵园，因此有了“青青园中葵”。

葵在南北朝时期仍然在蔬菜中占有很高的比重。《齐民要术》中有《种葵篇》，列在蔬菜的第一篇，详细介绍了葵的栽培方法。这一时期的葵有10余种，有紫茎葵、白茎葵、鸭脚葵、蜀葵、落葵等，其中紫茎葵是这一时期培育出的新品种，不仅北方种植，南方也有种植。东晋田园诗人陶渊明就写过“流目视西园，晔晔荣紫葵”的诗句。

元明以后，葵逐渐走向没落。到了明代，《本草纲目》中已经把它列为草类，并说冬葵“今人不复食之，亦无种者”。

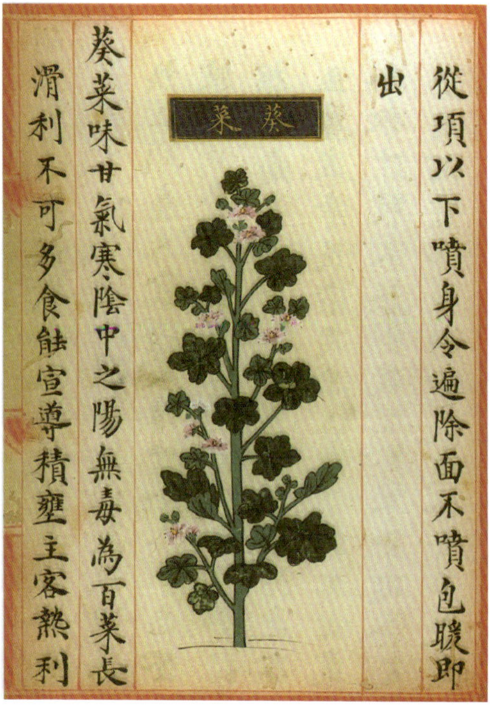

图 6-2　明·《食物本草》中的葵菜

7. 汉代的肉食有哪些?

汉代，人们的副食种类得到了极大的丰富，而肉食以鸡、鸭、羊、猪、狗为主。因为牛要用于耕地，而马用于交通运输和行军打仗，所以很少食用。猪肉和羊肉算是当时肉类中的上品，从汉代的画像砖中经常可以见到厨房中悬挂着猪肉或是杀猪宰羊的场景。但很长一段时间里，猪肉都是官僚贵族的专享之物，普通人家吃猪肉算是相当奢侈的。

图 7-1　东汉 · 陶庖厨俑
成都博物馆藏

汉代普通人家一般吃鸡一类的家禽，而且并不能常吃，节庆之时或者招待客人时才会杀鸡做菜，有时也会买鸡肉孝敬老人。汉代鸡肉的价格也不算便宜。《居延新简》中有相关记载："出百八十，买鸡五只。"算下来每只36钱，折合人民币50多元。

汉代民间养鸡业也有一定发展，开始出现了圈养，而在此之前，养鸡大多是散养的，容易生病，产量也不高。《西京杂记》中记载，西汉时陈广汉的家产有"万鸡将五万雏"。上万只鸡的饲养规模，放在如今也是相当惊人了。

狗肉也是汉代的常见肉食，并且还出现了专门的屠狗者贩卖狗肉。西汉开国虎将樊哙发迹之前就是开狗肉铺子的，可见当时狗肉生意相当吃香，"屠狗之辈"俨然成了大隐于市的英雄群体的代称。

除了家禽和家畜，汉代人民还捕杀野生动物作为肉食来源，如鹿、兔、熊、大雁、鸽子、天鹅等，还有各种水产，都是当时人们餐桌上的佳肴。

图 7-2　东汉·收获渔猎画像砖
中国国家博物馆藏

8. 谁是第一个吃螃蟹的人?

鲁迅在1932年的一次演讲中说:“第一个吃螃蟹的人是很可佩服的,不是勇士谁敢去吃它呢?螃蟹有人吃,蜘蛛一定也有人吃过,不过不好吃,所以后人不吃了。像这种人我们当极端感谢的。”那么究竟谁是第一个吃螃蟹的人呢?

在民间传说中,“三皇五帝”时代,河蟹因为侵害禾苗还会伤人,被认为是害虫,并被称为“夹人虫”。大禹治水时有一位干将巴解,为了防止“夹人虫”的侵袭,挖开深沟,等“夹人虫”大批掉入沟中后,浇热水将其烫死。但烫死后的河蟹竟散发出一种独特的香味,巴解尝试吃了一口,发现味道极鲜美,从此蟹开始成为人们的盘中餐。有人认为因为巴解是吃“夹人虫”的第一人,所以“蟹”字取自“解”字和“虫”字,流传至今。也有很多古人认为,“蟹”之名源于其蜕壳的特性。宋代寇宗奭在《本草衍义》中就认为“此物每至夏末秋初,如蝉蜕解,名蟹之意,必取此义”。清代的袁景澜曾记

图 8-1　清·白玉双蟹
故宫博物院藏

图 8-2　清·粉彩像生瓷果品盘，故宫博物院藏

载："蟹者，解也，岁必一解其壳。"而称其为"螃蟹"则大约始于隋唐时期。大部分动物都是向前行进的，而蟹却是"旁行"。蟹，原本作"蠏"，《说文解字》中说："蠏，有二敖八足。旁行。"汉代张超在《诮青衣赋》中也写道："蟹行索妃，旁行求偶。"螃蟹即使是寻求配偶时，也是旁行爬过去的。到了隋唐时期，经过语言的发展，口语中双音词汇有变多的趋势，"螃蟹"一名就逐渐叫开了，这一时期，还有很多诗歌和各种经典注疏中出现了"螃蟹"的称呼。

文献资料中对吃螃蟹最早的记载是在东汉时郑玄注解《周礼》时提到的。《周礼·天官·庖人》中提到"共祭祀之好羞"，说的是供祭祀所用的各种美味。而这些美味是什么呢？郑玄在注中详细解释了："谓四时所为膳食，若荆州之鲝鱼，青州之蟹胥，虽非常物，进之孝也。"其中的"蟹胥"就是指一种用螃蟹做的肉酱。青州人觉得螃蟹是珍馐美味，就把它做成蟹酱来慢慢享用，并用它祭祀。看来至迟到汉代，已经出现了第一个吃螃蟹的人，并且汉代人认为食用螃蟹是从距今3000年前的周代开始的。

9. 古代流行吃熊掌吗？

《孟子》中的一句“鱼，我所欲也；熊掌，亦我所欲也”，让人们对熊掌产生了浓厚的兴趣，说明起码在春秋战国时人们的菜肴中一定是有熊掌的，并且极为珍稀和美味。古代真的流行吃熊掌吗？

《左传》中记载宣公二年（前607）时，“宰夫胹熊蹯不熟，杀之”，晋灵公因为厨子做的熊掌不熟而杀了他，足以体现暴君淫威，也可以看出熊掌大概是很难熟的。汉代枚乘《七发》中还提到一种柔韧香软的焖熊掌蘸芍药酱的吃法，认为是“至味”。明代《唐类函》将熊掌列入当时的“八珍”之中，这八种珍品分别是：龙肝、凤髓、豹胎、鲤尾、鸮炙、猩唇、熊掌和酥酪蝉。清代的“参翅八珍”和“山八珍”也都将熊掌列入。《红楼梦》中记载了许多饮食资料，其中提到的乌庄头账单中也列有熊掌，但并没有描述它的做法。

清代朱彝尊在《食宪鸿秘》中记载了熊掌的做法，大致是在地上挖坑，放入半坑生石灰，把带毛的熊掌放在石灰上，在上面再盖上生石灰，浇冷水。等到石灰发热又冷却后，取出熊掌。这样之后，可以很容易地将熊掌上的毛处理干净。把毛除净后，再用淘米水浸泡一两天，用生猪油包住熊掌煮熟，把猪油去掉后将熊掌撕成条，再和猪肉一起炖便做好了。

清代的《醒园录》中还记载了另一种制作方法。要先用温水把熊掌泡软，再用开水烫，去毛。冷却后放在瓷盘里，加入酒和醋蒸熟。脱骨后，把肉切成片放入瓷盘，加入肉汤、清酱、酒、醋、姜、蒜调味，再放进蒸笼蒸至烂熟，便可以食用了。

图9　西汉·鎏金熊形青铜镇，中国国家博物馆藏

10. 石榴是中国原产的吗？

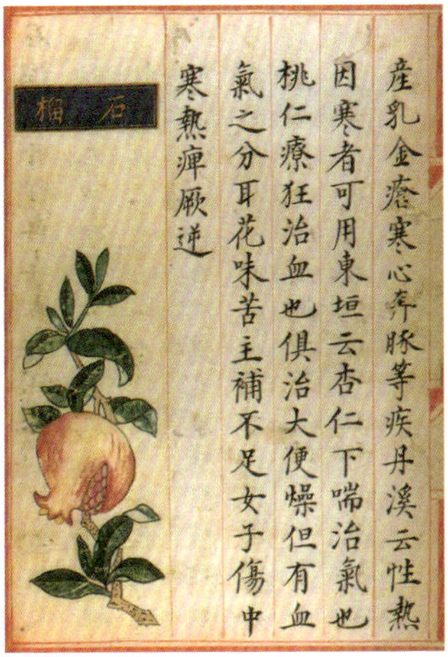
石榴

産乳金瘡寒心奔豚等疾丹溪云性熱
因寒者可用東垣云杏仁下喘治氣也
桃仁療狂治血也俱治大便燥但有血
氣之分耳花味苦主補不足女子傷中
寒熱痹厥逆

图 10-1　明·《食物本草》中的石榴

石榴并不是我国原产的，但它在中国的栽培历史已经有2000年以上。西汉时期，张骞出使西域时，将石榴引入中国。晋代《博物志》中载：“汉张骞出使西域，得涂林安石国榴树种以归，故名安石榴。”

最早记载石榴的古籍是东汉张衡的《南都赋》：“陪京之南，居汉之阳。割周楚之丰壤，跨荆豫而为疆。若其园圃，则有蓼蕺……乃有樱梅山柿，侯桃梨栗，梬枣若榴，穰橙邓橘。”其中的“若榴”就是石榴。而最早提到“石榴”一名则是在三国时期曹植的诗中：“石榴植庭前，绿叶摇缥青。丹华灼烈烈，璀彩有光荣。”古籍中对石榴的称呼还包括“荼林”“丹若”“天浆”“金罂”等。

图 10-2　南宋·鲁宗贵绘《橘子葡萄石榴图》，波士顿艺术博物馆藏

石榴引进初期和许多外来物种一样，也是作为观赏植物栽培的。先是在皇家御花园中供皇子、后妃观赏，后逐渐推广至民间，由长安推广至全国各地。

图 10-3 明·陈子畦制紫砂石榴陶水注，香港中文大学文物馆藏

三国两晋南北朝时期，文人间还流行为石榴写诗作赋。潘岳《安石榴赋》中赞它是“天下之奇树，九州之名果”。梁元帝写下“芙蓉为带石榴裙”的诗句，将石榴花比作红裙。何思徵所作《南苑逢美人》中也写道：“风卷葡萄带，日照石榴裙。”将石榴比作美人。

因为石榴果实多籽，中国古代也将它看作子孙昌盛、多子多福的吉祥象征，唐代时还流行结婚赠石榴的礼仪。宋金元时期还盛行石榴对联和谜语，庭院石榴、盆栽石榴也开始普及。到了明清时期，随着瓷器制造水平的提高，石榴的造型和图案还广泛用于瓷器之上。清代还出现了以石榴、佛手、仙桃为组合的装饰纹样，俗称“三多”纹，寓意多子、多福、多寿。

图 10-4 清·粉彩三果墩子碗 中国国家博物馆藏

11. 古代人吃河豚吗？

俗话说“吃了河豚，百样无味”。河豚是一种味道极其鲜美的鱼类，虽然烹调不当往往会导致中毒甚至丧命，但人们仍然抵挡不住美味的诱惑。古代人也是如此“拼死也要吃河豚”吗？

河豚自古就是备受人们喜爱的美味，中国人从先秦时期甚至更早就开始吃河豚了，并且已经认识到河豚有毒。《山海经》中就提到河豚，并说它“食之杀人”。

汉代人也吃河豚，不可避免地也会中毒，名医张仲景在《金匮要略》中就收录了“鯸鲐鱼中毒方”。晋代的左太冲在《吴都赋》中提到了许多水产，其中就有河豚，说它虽“性有毒”，但“蒸煮啖之，肥美”。这说明人们当时采用蒸或煮的方法烹饪河豚，口感十分肥润鲜美。

唐代时，河豚还被玄宗作为赏赐之物赐予臣下，说明这时也是十分珍贵的食材，宫中应该也会食用。

宋代的时候，吃河豚十分盛行，南方地区还留下许多相关的文字记载。著名的大词人，同时也是美食爱好者的苏东坡就曾发表过一番自己对吃河豚的见解，他在给朋友的信里曾写道：“江淮人好食河豚。每与人争论，河豚本不杀人。尝戏之，性命自子有，美则食之，与我何事。”大抵是说，爱吃河豚的人就吃，与别人是没什么关系的。《东京梦华录》和《梦粱录》中还提到名为“假河豚”和“油炸假河豚”的素食，或许是供爱惜生命又想品尝美味的人解馋用的。

元代时，河豚依然被视为珍品，尤其是扬子江中出产的最为珍贵。当时的人们还会高价购买，赠送给邻里。当时人们将河豚肚子里的脂块和两肋肉称为“西施乳”，认为是河豚身上最美味的部分，这一称呼一直沿用至今。

明代人对河豚的喜爱程度不减宋元之时，这时的许多文学作品都记载了河豚的美味。最值得一提的是宋诩所著的《宋氏养生部》，书中收录了河豚的烹饪制作方法：“河豚宜日暴，宜酱烧、清烧……去眼、去子、去尾鳍、血等，务涤甚洁，切为轩……”可以看出，这时的河豚烹制已经总结出一定的经验了，不亚于今天的烹制技艺。《宋氏养生部》的作者是松江人，松江地区由于喜爱河豚的人众多，还开了专门的“煮河豚店”。扬州地区除了常见的烧河豚，还出现了用河豚作为浇头的面条。

清代记载人们食用河豚的文字资料就更多了。除了南方地区常吃的江豚，山东等地沿海的居民还吃海里的河豚，并制成河豚干。清代的大型食谱《调鼎集》中也记载了“河豚鱼”，并提到“煮河豚”“炖河豚”“河豚面”，可惜的是并未附上做法。

图 11　明·《本草纲目》（金陵本）中的河豚

12. 古代人吃樱桃吗?

现在广受人们喜爱的樱桃经常被认为是“舶来品”，其实却是土生土长的中国水果。樱桃在中国的栽培历史已有两三千年了，是一种深受中国古代人民喜爱的水果，也被叫作莺桃、含桃、玉桃、朱樱等。它名中带“桃”，是因为人们认为“其形肖桃”。《礼记·月令》中有“以含桃先荐寝庙”的记载，可见在3000年前，樱桃就受到重视并被用于祭祀了。

汉代时，西安也栽培有樱桃。《东观汉记》记载，汉明帝于初夏的月夜在园中饮宴群臣，适逢有人进献新熟的樱桃，便赐群臣品尝。侍者用赤瑛盘端上，月光下看去，晶莹如玉的鲜红樱桃与红色盘子融为一体，百官皆笑，以为侍者端的是空盘。

到了唐代，洛阳似乎已经种有许多樱桃树，人们还把樱桃当成观赏植物栽培。当时还有一种西域传入的小吃，叫作“樱桃毕罗”。毕罗是一种带馅的面食，可咸可甜，大多是荤馅蒸制的。樱桃毕罗是用樱桃点缀于毕罗上，或许可以看作唐代的“黑森林蛋糕”吧。李世民还曾与群臣一起赋樱桃诗作乐，并称樱桃为“席上珍”。当时还培育出了白樱桃的品种。时人写诗赞其“只应汉武金盘上，泻得珊瑚白露珠”。

宋代的樱桃品种更多了，仅《洛阳花木

图 12　南宋·马世昌绘《樱桃黄雀图》（局部）
台北故宫博物院藏

记》中就收录了11种，且洛阳“处处有之”。这时已经培育出核小肉厚的优良品种了，还有一些高产的名种。清代时的颍州人还用樱桃制作果脯。

13. 中国人是什么时候开始吃蘑菇的?

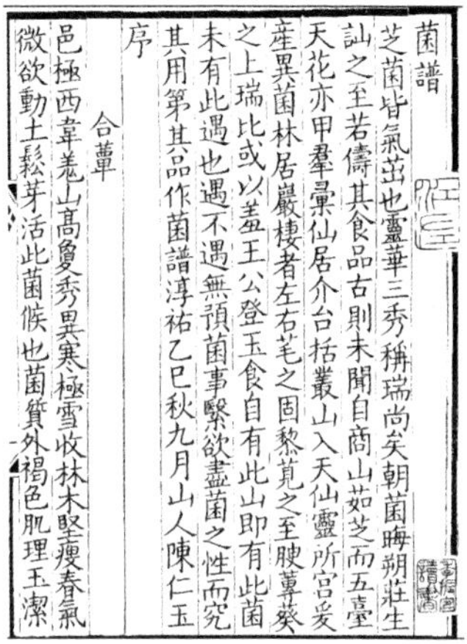

菌譜

芝菌皆氣茁也靈華三秀稱瑞尚矣朝菌晦朔莊生訕之至若儔其食品古則未聞自商山茹芝而五臺天花亦甲羣彙仙居介台栝叢山入天仙靈所宮爰產異菌林居巖棲者左右芼之固黎莧之至腴蕈葵之上瑞比或以羞王公登玉食自有此山即有此菌未有此遇也遇不遇無預菌事繫欲盡菌之性而究其用第其品作菌譜淳祐乙巳秋九月山人陳仁玉序

合蕈

邑極西韋羗山高敻秀異寒極雪收林木堅瘦春氣微欲動土鬆芽活此菌候也菌質外褐色肌理玉潔

图 13-1　《菌谱》书影
百川学海本

我国是食用菌资源最丰富的国家，全世界的600多种食用菌中，我国就有300多种。

蘑菇和菌类十分鲜美可口，自古就被列为上等食物。早在殷商时期，菌菇类就成为贵族的奢侈品了，但是百姓食用蘑菇的历史相对较短。

《吕氏春秋》中说：“味之美者，越骆之菌。”可见距今3000年前的周代就开始食用蘑菇了。

秦汉以后，人们食菌之风盛行，文人墨客也对此多有记载。

传说汉武帝在儿子去世后，白发人送黑发人，十分悲痛，一直郁郁寡欢。一日，汉武帝尝过西南地区进贡的鸡枞酱后，觉得非常好吃，大喜，于是“开通西南夷”，将云南纳入了汉朝的版图。

《庆元县志》中还记载，明代的开国皇帝朱元璋在金陵时遇到了旱灾，为了祈祷求雨，他戒荤食素，但是素食无甚滋味，也就没什么胃口。这时刘基（刘伯温）献上了龙泉香菇，皇帝顿时食欲大增，还下旨让地方每年上贡香菇。从此，香菇便被列为了宫廷贡品。

清代，张之洞曾作《鸡枞菌赋》，其

图 13-2　齐白石绘《蘑菇图》

中写道：“淡烟漠漠雨初晴，郊外鸡枞菌乍生。采满筠篮归去也，有人厨下倩调羹。”写的是闷热的时节，雨过天晴，蘑菇蓬勃生长，人们上山采摘满载而归，下山回家烹饪美味的场景。

蘑菇的身影大多散见于各种文献典籍中，因为“区区口腹之微物，本不足纪述”，但也有少数的例外。南宋时期，陈仁玉编写了世界第一部蘑菇专著《菌谱》，记载了合蕈、稠膏蕈、栗壳蕈、松蕈、竹蕈、麦蕈、玉蕈、黄蕈、紫蕈、四季蕈、鹅膏蕈共11种食用菌。受它的影响，后人又编著了菌类专著若干，如明代潘之恒的《广菌谱》、清代吴林的《吴菌谱》和张崧的《北菌谱》等书籍。

14. 为什么说“百菜不如白菜”？

白菜长期以来都是我国北方冬春季节的当家菜，俗话说“百菜不如白菜”，白菜有“菜中之王”的美称。它的人工栽培在中国植物史和饮食史上具有重要意义。

白菜在古代被称为“菘”，这个字如今已不太常见。宋人说白菜“菘性凌冬不凋，四时常见，有松之操”，所以称其为“菘”。汉代的菘尚是较为原始的白菜，品质较现代的白菜还差得远。经过劳动人民的辛勤培育，“菘”在南北朝时期大放

图 14-1　清・翠玉白菜
台北故宫博物院藏

异彩。在时人的眼中，秋末的菘菜和初春的韭菜并列为菜中佳品。唐宋时期，菘的栽培又有了新的进展。《新修本草》中提到不结球的散叶大白菜，称为“牛肚菘”。到了宋代，菘的优良品种已经培育成功，新品种的“菘”结实、肥大、高产、耐寒，并且滋味鲜美。苏轼曾用“白菘类羔豚，冒土出熊蹯（fán）”之句来赞美它，“熊蹯”意为“熊掌”，这里把“白菘”比作和熊掌一般的美味。到了明清时期，菘的培育更为普及和成熟，现存的明清地方志中，几乎都记录了对白菜的栽培，其地域由北及南，遍布黄河和长江流域。但之前的白菜其实与我们今天吃的并不相同，大多还是散叶白菜。直到康熙二十四年（1685）时，《顺天府志》中才出现了类似我们今天吃的这种结球大白菜性状和栽培方法的记载。

图 14-2　齐白石绘《白菜》

15. 古人吃菱角吗?

菱角是现在长江流域以南地区大面积种植的一种食用植物，味道清甜，在南方广受喜爱。

人们吃菱角的历史非常悠久，已经有七八千年了。考古研究人员在新石器时代的田螺山遗址中就发现了菱角的遗存，但还是没有经过人类培育驯化的野生菱角，大小只有现在的一半。在其他许多考古发现中也常见到菱角的身影，可见菱角是远古先民重要的一种食物。

菱角，又叫作水菱、沙角、水栗子等，古代常称为“芰”。春秋时期，左丘明所著《国语》中就记载了“屈到嗜芰”的故事。春秋时楚国的大夫屈到非常喜欢吃菱角，临终前还嘱咐亲人“祭我必以芰”，要求亲人在他死后祭祀他时用菱角做祭品。但按规定，大夫的祭品应使用羊馈，用菱角并不符合礼制规定，因此屈到的儿子屈建并

图 15-1　新石器时代·浙江余姚田螺山遗址出土的菱角

没有遵照父亲遗嘱。可以看出，早在2000多年前，人们就已经食用菱角了。但汉代之前菱角的产量不高，所以主要还是贵族阶层食用。

历史上有许多诗词描述了采菱的场景。梁武帝写过一首《采菱曲》，白居易写过《看采菱》，梅尧臣也写过《和资政侍郎湖亭杂咏绝句十首·采菱》。李白《秋浦歌十七首》中的一首写道："渌水净素月，月

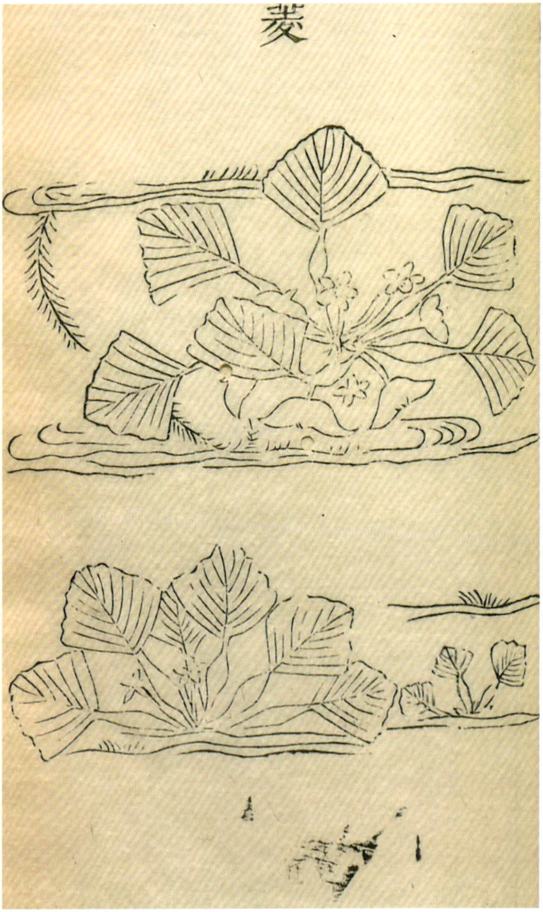

图 15-2　明·《三才图会》中的菱

明白鹭飞。郎听采菱女，一道夜歌归。”刘禹锡也曾作《采菱行》：“白马湖平秋日光，紫菱如锦彩鸳翔。荡舟游女满中央，采菱不顾马上郎。”描写了一个女子忙于采菱，连心上人都来不及看一眼的场景。

中国古代还经常用菱角代粮，也常将它用于救荒和充饥。唐代欧阳询在《艺文类聚》中记载：“淮汉以南，凶年以菱为蔬。”宋代苏颂《开宝本草》中也记载：“江淮及山东人暴其实以为米，代粮。”明代李时珍在《本草纲目》中也提到：“（菱角）嫩时剥食甘美，老则蒸煮食之。野人暴干剁米，为饭为粥、为糕为果，皆可代粮。其茎亦可曝收，和米做饭，皆可度荒歉。盖泽农有利之物也。”菱角可生食，也可熟食，还可以加工成各种糕点，甚至连茎叶都可以食用。俗话说“药食同源”，李时珍还记载了菱角的药用价值：“菱角能补脾胃、强股膝、健力益气，菱粉粥有益肠胃，可解内热，老年人常食有益。”

菱角除了简单蒸熟或生吃，也在烹饪相关的书中留下一些身影。清代《随园食单》中就载有一道“蒸菱角”，将池塘中新鲜采摘的菱角与新栗、白果一起用鸡汤煨烂，或用糖水煮成甜汤加入蜂蜜桂花食用。还有“菱角花菇”，是淮扬菜中的一道名肴。现在江浙地区人们还常用菱角炖肉、炖排骨、烧豆腐等，都别有一番风味。

16. 古人吃马肉吗?

马肉如今并不是我们日常生活中的常见肉食，但在秦汉时期上层社会的餐桌上，却不算罕见。

马王堆汉墓出土的遣册中记载有“马酱”，就是马肉剁碎制作而成的肉酱；虎溪山汉简中也提及用马肉做羹；《五十二病方》中有“治病时，毋食鱼、彘肉、马肉”的记载；东汉末年刘熙撰写的《释名·释饮食》中解释“脍”时道：“细切猪、羊、马肉使如脍也。”可见当时食用马肉是十分常见的，甚至有人生食马肉。

游牧民族食用马肉则更为平常，这也是弥补肉食资源不足的无奈之举。马作为重要的交通运输工具一般不会被随意宰杀，东汉光武帝时曾下令“毋得屠杀马、牛”，但马、牛年老或生病丧失劳动能力后也会被吃掉，敦煌悬泉汉简中就有销售病死马肉的相关记载。

除了马肉，汉代贵族还饮用马乳和马乳酒。根据文献记载，西汉时还有专门饲养母马的“挏马厩”，负责向朝廷提供马乳和马乳制品。

图 16　西汉·《五十二病方》（局部）
湖南博物院藏

17. 古人吃南瓜吗?

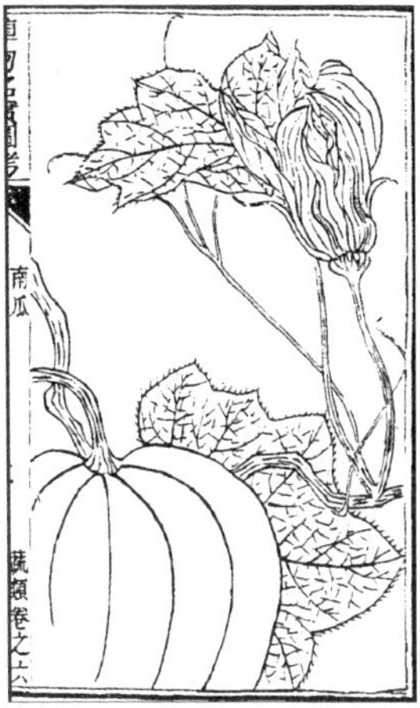

图 17-1 《植物名实图考》中的南瓜

南瓜可以算是生活中最常见的农作物之一，它因健康、养生的功效而广受人们喜爱。但南瓜并不是中国的本土作物，一般认为是哥伦布于1492年到达美洲后，开始从原产地美洲向世界传播。大约在16世纪中叶，也就是明代时，辗转传入我国。

古籍文献中称南瓜为番瓜、番南瓜、金瓜、金冬瓜、饭瓜、回瓜、矮瓜等。早期中国人误认为南瓜是由日本传入的，所以北方地区俗称其为“倭瓜”。又因为日本在中国东侧，福建沿海地区曾称其为“东瓜”。值得一提的是，有些地区还曾用“北瓜”来称呼南瓜的一些品种。

南瓜传入中国后，第一次较为完整的记载是在李时珍的《本草纲目》中：“南瓜种出南番，转入闽、浙，今燕京诸处亦有之矣。三月下种，宜沙沃地。四月生苗，引蔓甚繁，一蔓可延十余丈，节节有根，近地即着。其茎中空。其叶状如蜀葵而大如荷叶。八九月开黄花，如西瓜花。结瓜正圆，大如西瓜，皮上有棱如甜瓜。一本可结数十颗，其色或绿或黄或红。经霜收置暖处，可留至春。其子如冬瓜子。其肉厚色黄，不可生食，惟去皮瓤瀹食，味如山药。同猪肉煮食更良，亦可蜜煎。”记录了南瓜从亚洲南部传入，先传入福建、浙江沿海地区，再逐渐

图 17-2　明·珐华倭瓜形壶式水注，中国国家博物馆藏

传入内地并北上传入北京的传播路径。书中对南瓜的外形特征、如何栽培和食用等也都有详细的描述，还配有南瓜的线描图，看起来与我们今天吃的南瓜并无二致。

中国大部分地区都是在明代就引种了南瓜并开始栽培，清代时，南瓜种植基本已经普及。除了将南瓜作为蔬菜食用，在南瓜普及后的灾荒动乱时期，人们还将它当作粮食用来果腹。清康熙时，郑元庆的《湖录》中就有记载："番瓜相传自番中来，贫家以之代饭，俗名饭瓜。"类似的记载在清代各地方志中还有许多，都说用它代饭充饥，且普遍种植。直到民国时期还有类似记载，说南瓜"嫩可充馔，老可代粮"。除了做菜和代粮，人们还在南瓜传入不久后开始食用南瓜子，作为小零食，清代时已经十分流行。海南地区还用南瓜酿酒，台湾地区将南瓜作为制作肥皂的原料，浙江人把南瓜"晒干以制酱豉"，有的农村地区还把南瓜用作猪饲料。

18. 古人吃大蒜吗?

蒜是我们日常烹饪中不可缺少的一种调味品，但它其实并不是中国原产作物。西汉时，张骞出使西域带回了许多域外作物。《博物志》中记载："张骞使西域，得大蒜、胡荽。"大蒜传入中国后，很快就成了受人欢迎的蔬菜和调料。

魏晋南北朝时期，大蒜种植迅速普及开来，吃蒜的习俗深入到社会各个阶层。此外，还出现了很多新的食用方式，如贾思勰《齐民要术》中提到的"八和齑"，就是一种用大蒜等原料加工而成的复合酱料。

唐宋时期，吃蒜的风气更为盛行，大蒜已经成为一些人的生活必需品。此外，还出现了新的烹饪方式，如《中馈录》中提到了蒜瓜、蒜苗干、做蒜苗方、蒜冬瓜4种，并加以介绍。

元明时期，除了能更加熟练地烹制大蒜，人们还了解了大蒜的各种食用、药用功效。明代李时珍所作《本草纲目》中也收录了大蒜："张骞使西域，始得大蒜、胡荽。则小蒜乃中土旧有，而大蒜出胡地，故有胡名……北人不可一日无者也。"书中还有食用大蒜后的不良反应以及用大蒜治疗腹泻、吐血、水肿等疾病的记载。

清代时，南北方吃蒜的方式逐渐不同，但都与今天十分接近了。山东人丁宜曾撰写的《农圃便览》中记载了一种"水晶蒜"的做法："拔苔后七八日刨蒜，去总皮，每斤用盐七钱拌匀，时常颠弄。腌四日，装瓷罐内，按实令满。竹衣封口，上插数孔，倒控出臭水。四五日取起，泥封，数日可用。”而清中期的《调鼎集》中则记载了南方的“腌蒜头”：“新出蒜头，乘未甚干者，去干及根，用清水泡两三日，尝辛辣之味去有七八就好。如未，即将换清水再泡，洗净再泡，用盐加醋腌之。若用咸，每蒜一斤，用盐二两，醋三两，先腌二三日，添水至满封贮，可久存不坏。”这已基本接近如今腊八蒜的做法了。

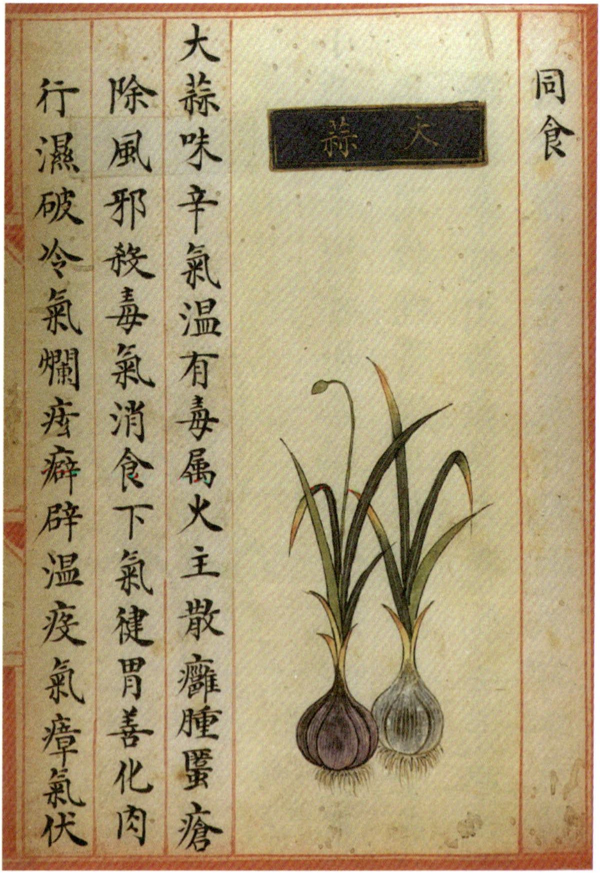

图 18　明·《食物本草》中的大蒜

19. 隋唐时期有哪些蔬果?

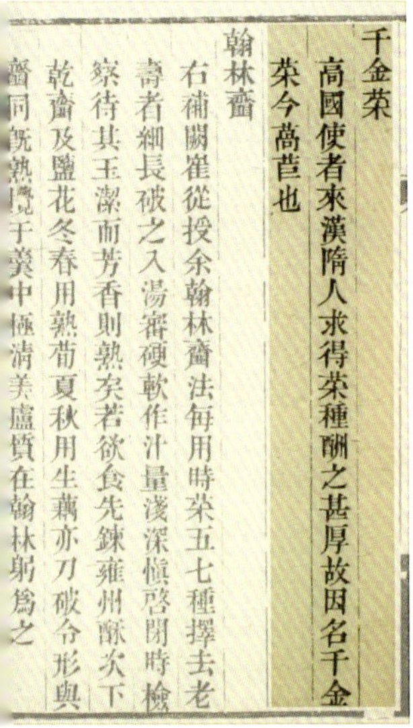
千金菜
高國使者來漢隋人求得菜種酬之甚厚故因名千金
菜今萵苣也
翰林齋
右補闕崔從授余翰林齋法每用時菜五七種擇去老
壽者細長破之入湯審硬軟作汁量淺深慎啓閉時檢
察待其玉潔而芳香則熟矣若欲食先鍊雍州酥次下
乾齑及鹽花冬春用熟筍夏秋用生藕亦刀破令形與
齑同既熟攪于羹中極清美盧贇在翰林躬爲之

图 19-1　宋・陶穀撰《清异录》中对千金菜（莴苣）的记载

隋唐时期，优良的蔬果品种开始广泛种植。因为帝国强盛，和周边国家的交往也十分频繁，又有西北的丝绸之路、东南的海上丝绸之路和西南的茶马古道3条贸易通道与各国相连，我国引进了大量域外物种，这一时期的蔬果品种是十分丰富的。

《四时纂要》中记载的隋唐时期的主要蔬菜品种有：冬瓜、萝卜、蒜、韭菜、葱、香菜、苜蓿、藕、小蒜、百合、枸杞、莴苣、牛膝、牛蒡、白菜、芹菜、菠菜、茭白、菱角、莼菜等。

我们今天常见的莴苣、菠菜、蚕豆等蔬菜，还有丁香、孜然等香辛科都是这一时期传入中国的外来物种。莴苣原产西亚地区，隋代传入中国，以前还被叫作“千金菜”。《清异录》记载：“高国使者来汉，隋人求得菜种，酬之甚厚，故因名千金菜，今莴苣也。”菠菜是唐代时遣唐使带来的，也叫“菠薐菜”，原产地是现在尼泊尔地区的尼婆罗国。

一些域外水果也在这一时期引种至中国，如西域引进的优秀桃种——金桃（也叫黄桃）和银桃，是当时的康国进献的。此外，还有原产波斯的偏桃，也叫扁桃或巴旦杏，因为“状如桃子而形偏”（《酉阳杂俎》），所以得名。它的果肉苦涩，果仁却

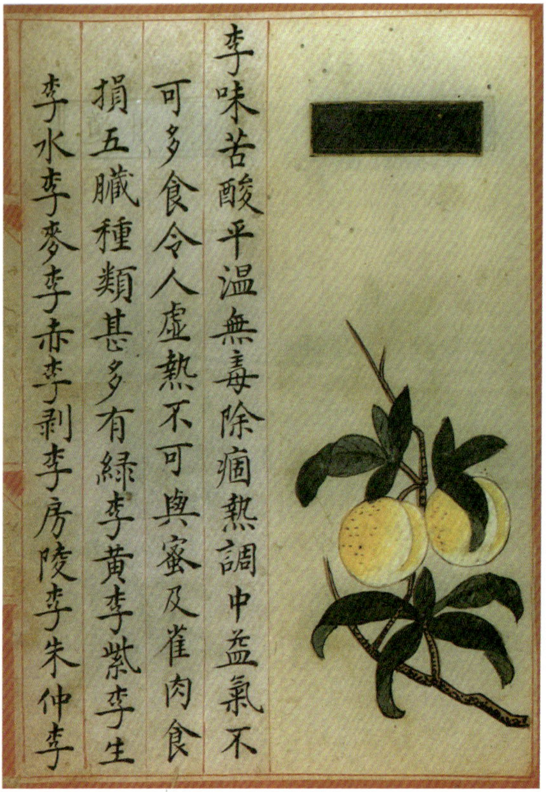

图 19-2 明·《食物本草》中的李

甘甜，就是我们现在常吃的巴旦木。原产南亚的菠萝蜜也早在唐代就引进中国了，也叫作树菠萝。《酉阳杂俎》中记载：“婆那娑树，出波斯国，亦出拂林……瓤至甘甜可食。核大如枣。”

还有一些中国传统栽培的果品，也在隋唐时期深受人们喜爱。梨的种植非常广泛，隋唐时已经有一些高产或含糖量较高的品种。李子因为适应性很强，南北都适宜种植。有一个叫绿李的品种很受欢迎，大诗人杜甫在成都居住时，就曾在自己的草堂里栽种绿李，还作了首诗提及此事：“草堂少花今欲栽，不问绿李与黄梅。”柑橘是隋唐时期最主要的水果之一，种植十分广泛，总产量也很高。巴蜀地区、洞庭湖地区和江南地区都是柑橘的重要产地。

20. 明清时期有哪些蔬菜传入中国?

明清时期可以算是我国物种引进的一个高潮时期，尤其在哥伦布发现新大陆后，许多美洲原产作物陆续传到世界各地。根据《农政全书》记载，明代时，我国引进了苦瓜、南瓜、马铃薯等，蔬菜种类已经有大约100种。到了清代，又引进了番茄、花菜、秋葵等，这时的蔬菜种类已有大约130种。许多蔬菜的引进对我国的饮食产生了巨大的影响，如辣椒的引进，对云南、四川、湖南等地的饮食口味都产生了深远的影响。

苦瓜，又叫锦荔枝、癞葡萄，原产于印度尼西亚，郑和下西洋时传入中国，明末时已在福建、广东等地区广泛种植。

南瓜，又叫番瓜、倭瓜、北瓜等，原产于北美洲，明代从海路传入中国。《本草纲目》中对南瓜已有记载，称："南瓜种出南番，转入闽、浙，今燕京诸处亦有之矣。"传入后被广泛种植，深受人们喜爱，在灾荒时节，人们还用南瓜"以菜代粮"。

西红柿，又叫番柿、番茄、洋柿子、西番柿等，原产于美洲大陆，大约16世纪末传入我国。传入最初，西红柿和辣椒一样是作为观赏植物的，近现代才成为百姓餐桌上的常见菜肴。

西葫芦，也被称为印度南瓜、美洲南瓜、角瓜等，原产于北美洲南部，大约在17

图 20　清·粉彩锦荔枝盖碗，中国国家博物馆藏

世纪后期就出现在许多地方县志中了。

秋葵，也叫黄蜀葵、黄秋葵、羊角豆等，原产于非洲，20世纪初从印度传入中国。

四季豆，又叫菜豆、芸豆、时季豆等，原产于墨西哥南部和中美洲，清代时传入中国。

烹调五味

21. 古代的盐从何而来?

咸味是“五味”中最重要的口味，明代宋应星在《天工开物》中说：“口之于味也，辛酸甘苦经年绝一无恙。独食盐禁戒旬日，则缚鸡胜匹，倦怠恹然。”说的是人们不吃酸甜苦辣4种味道的食物是完全没关系的，但不吃盐，就会身无缚鸡之力，感到疲倦不振，正是说明盐的重要性。西周时期，百官中还设有“盐人”，专门负责制盐的相关事宜。《天工开物》里将盐分为6种，分别是海盐、井盐、池盐、土盐、崖盐、砂石盐，人们食用最多的是海盐和井盐。

图 21-1　东汉·盐场画像砖，中国国家博物馆藏

海盐主要是蒸发海水所得。中国人早在5000年前就煮海水做盐了，还有“宿沙氏煮海为盐”的传说。海盐的产量很大，沿海城市大多盛产海盐。汉代时，已经有专门的盐厂了，且有工人千余人。魏晋时，现在的江苏盐城地区有“盐亭一百二十三

所，县人以渔盐为业……舳舻往来，恒以千计”。可见其规模之大。

井盐是凿井取盐卤，煎煮而成，主要产于四川、云南。四川的井盐已经有2000多年的历史了。《华阳国志》中记载：“秦孝王令李冰守蜀，冰察地脉，知有咸泉，因于广都等县穿凿盐井。”云南也在汉代时就设有盐官了。早期的盐井口径较大，只能汲取浅层的盐卤，且容易崩塌。北宋时期，出现了口径有碗口大小且不易崩塌的深井。井盐是末盐，也是品质较好的食用盐。

中国大部分朝代都实行食盐的专卖政策，政府垄断食盐产销，获取高额的利润，使国家富强。现在我们依然实行食盐专卖，却是保持低廉的价格，为了维持百姓的日常基本需求。

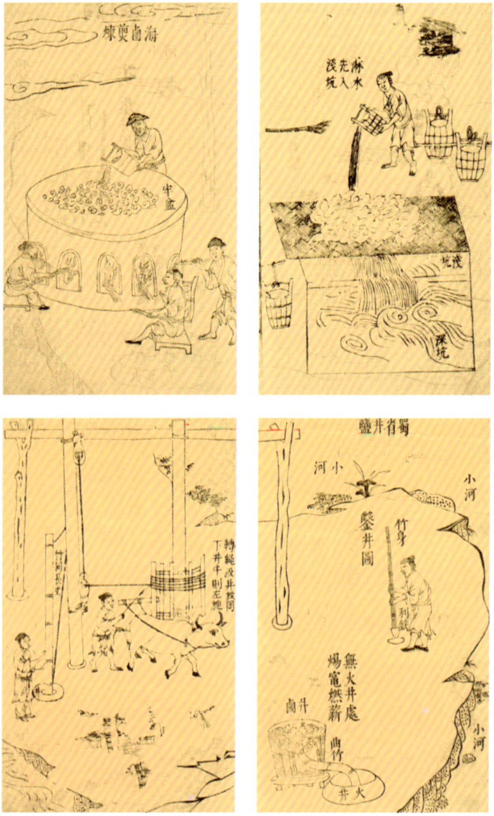

图21-2　明·宋应星《天工开物》中的海盐、井盐提炼方式

22. 酱油是什么时候发明的?

酱油在不同朝代也被称为清酱、酱清、豆酱清、豉清等。酱油源于酱，早在西周时期，人们就已经发明了酱，后来人们发现长期放置后，酱的表面会浮出一层液体，品尝后发现其味道极佳，这就是最早的酱油。酱油的出现不晚于汉代，东汉《四民月令》中记载了当时的农事活动，书中提到："正月可作诸酱，上旬炒豆，中旬煮之，以碎豆作末都（末都者，酱属也）。至六七月之交，分以藏瓜，可以作鱼酱、肉酱、清酱。"可以看出，这时人们已经酿制和食用酱油了。

"酱油"一名最早出现在宋代文献中，北宋《物类相感志》和南宋《调燮类编》中都有"做羹用酱油煮之妙"的记载。南宋林洪所著《山家清供》中许多菜品的制作都使用了"酱油"，如书中记载"山家三脆"的做法："嫩笋、小蕈、枸杞头入盐，汤焯熟，用香熟油、胡椒、盐少许，酱油滴醋拌食。"可以看出，"酱油"在那时已经是制作凉菜的重要佐料了。

图 22　明·《补遗雷公炮制便览》中的制酱图

酱油的生产最早都是和酱的制作相结合的，是做酱过程中撇出的酱汁，并不同于今天的酱油。后来随着技术改进，酱油和酱才分开生产。明代《本草纲目》中提到的"豆油法"和《养余月令》中的"南京酱油方"都是独立的酱油生产工艺。

23. 古代有哪些奇特的酱料?

酱是一种非常古老的食物，它的出现应该不晚于周代，《周礼》中就有“百酱”的说法，文献有记载的也确有近百种。陶穀《清异录》中说：“酱，八珍主人也。”由此也可以看出，酱在古代饮食中的地位和重要性。

早期的酱大多是肉酱，古代也称之为“醢”（hǎi）。东汉学者郑玄在为《周礼·天官·醢人》作注时，记载了肉酱的做法。大致是先将肉晒干、切碎，加入曲(一种发酵剂）和盐，再用酒浸渍，放在瓶中密封，100天后就可以吃了。先秦的文献中记载的肉酱还有“鱼醢”“兔醢”“雁醢”“蜗醢”（蜗牛肉酱）、“卵酱”（鱼子酱）等。周代时，人们还讲究吃肉要有与之搭配的酱，有经验的食客能够通过桌上的酱判断出即将上桌的菜肴。这一点《礼记》中就有记载：“濡鱼，卵酱实蓼。濡鳖，醢酱实蓼。腶脩，蚳醢。脯羹，兔醢。麋肤，鱼醢。鱼脍，芥酱。”孔子也曾说：“不得其酱不食。”

汉代时，马王堆汉墓遣册中记载了当时贵族食用的4种酱：鱼鮐（一种多汁的鱼酱）、肉鮐、爵酱（麻雀肉制成的）、马酱。这一时期，还出现了后世普遍食用的“豆酱”。当时酱的生产规模已经逐渐扩大，《史记·货殖列传》中记载，“醯酱千缸”的人富可比“千乘之家”。

南北朝时期，贾思勰《齐民要术》中收录了“作酱法”，记载了一些酱的制作工艺，首次提到了“麦酱”，还有“榆子酱”“虾酱”“鱼肠酱”“芥子酱”等。

唐代开始，素制酱（如豆酱）的制作水平进一步提高。到了明清时期，肉酱一类开始不再占据主导地位了，出现了各种果酱，如“梅酱”“甜梅酱”“咸梅酱”等。

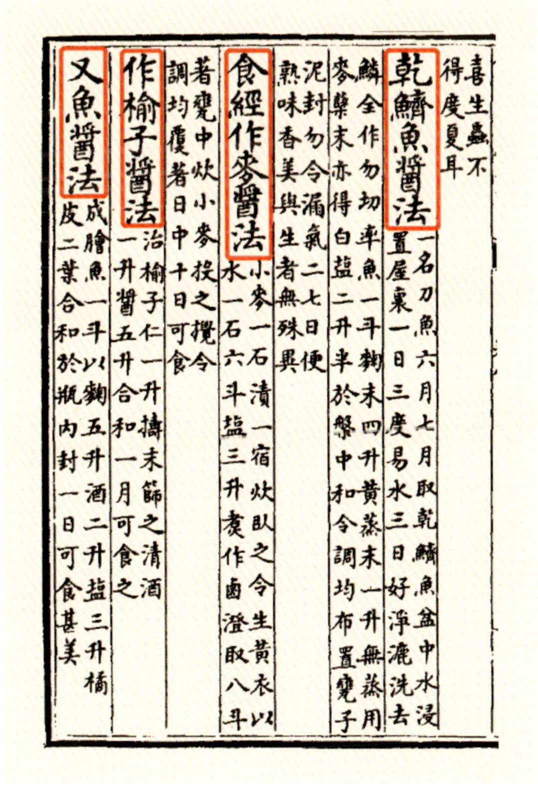
喜生蟲不
得度夏耳
乾鱭魚醬法 一名刀魚 六月七月取乾鱭魚盆中水浸
置屋裏一日三度易水三日好淨漉洗去
鱗全作勿切率魚一斗麴末四升黃蒸末一升無蒸用
麥糵末亦得白鹽二升半於盤中和令調均布置甕子
泥封勿令漏氣二七日便
熟味香美與生者無殊異
食經作麥醬法 小麥一石漬一宿炊卧之令生黃衣以
水一石六斗鹽三升煑作鹵澄取八斗
著甕中炊小麥投之攪令
調均覆著日中十日可食
作榆子醬法 治榆子仁一升擣末篩之清酒
一升醬五升合和一月可食之
又魚醬法 成鱠魚一斗以麴五升酒二升鹽三升橘
皮二葉合和於瓶內封一日可食甚美

图 23　北魏·贾思勰《齐民要术》中提到的酱

24. 古人会做腌菜吗？

蔬菜从古至今都是人们生活中不可或缺的食物，古时候人们就会在蔬菜成熟的旺季用盐将部分蔬菜腌渍储藏起来，这就是腌菜的雏形。

《诗经》中就有“中田有庐，疆场有瓜。是剥是菹，献之皇祖”的诗句，其中的“菹”就是腌制的意思。《周礼》中也记载了韭菹、菁菹、芹菹、笋菹等。汉代许慎的《说文解字》中解释：“菹菜者，酢菜也。”“酢菜”就是酸菜。可见我国制作腌菜的历史至少已有3000年了。

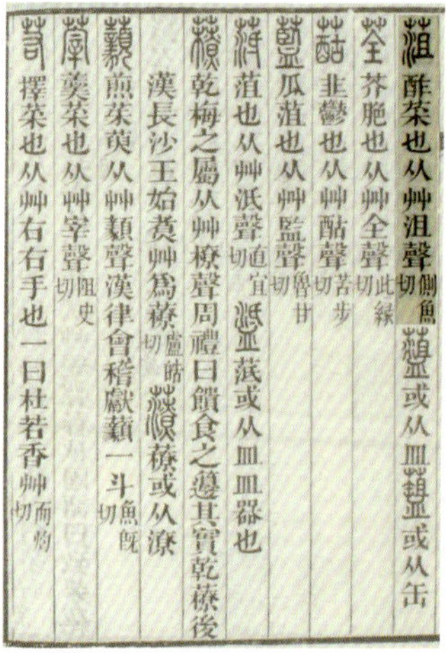
菹 酢菜也从艸沮聲側魚切 或从皿 或从缶
荃 芥脃也从艸全聲此緣切
韭鬱也从艸酤聲苦步切
瓜菹也从艸監聲魯甘切
菹也从艸泜聲直宜切 或从皿皿器也
乾梅之屬从艸橑聲周禮曰饋食之籩其實乾䕩後
漢長沙王始煑艸爲䕩盧晧切 䕩或从潦
藙 煎茱萸从艸顡聲漢律會稽獻藙一斗魚既切
羹菜也从艸宰聲阻史切
若 擇菜也从艸右右手也一曰杜若香艸而灼切

图 24-1　汉·许慎《说文解字》

北魏时期，贾思勰的《齐民要术》中有《作菹》篇，较为系统地介绍了29种腌菜的加工方法。如：咸菹法，就是在坛子里用盐水制作腌菜；瓜菹法，“瓜，洗净，令燥，盐揩之”，是一种用盐腌制瓜类蔬菜的方法；藏蕨法，是一层菜一层盐的制作方法，今天依然沿用；菹法，使用泥土密封坛子，利用厌氧让菜发酵的方法。此外，还有加醋、加糖、加蜜腌制的。

腌菜在之后几代也都有发展，出现了各种腌渍的蔬菜品种。宋代《东京梦华录》中记载了“姜辣萝卜”“生腌木瓜”等“腌藏菜蔬”。宋代词人陆游也曾写“菘芥可菹”，白菜和芥菜也可以腌制。元代韩弈还在《易牙遗意》中记载了一种

图 24-2　浙江龙游西汉李未墓出土的泡菜罐

腌制青瓜的“三煮瓜法”：把熟透的青瓜切片，每斤青瓜用半斤盐、一两酱、少许紫苏和甘草来腌，再经过晚上煮、白天晒，反复3次，之后晒干储存起来。明代邝璠在《便民图纂》中记载了腌萝卜干的方法：“切作骰子状，盐腌一宿，晒干，用姜丝、橘丝、莳萝、茴香，拌匀煎滚。”这看起来与现在制作的五香萝卜干也十分相似了。

清代时的腌菜不光品种丰富，各地还形成了自己的特色，如四川泡菜、芽菜，重庆涪陵榨菜，浙江萧山的萝卜干等。川南和川北民间还会将泡菜作为嫁妆，今天四川的有些地方依旧保留了这种习俗。

25. 古人爱吃醋吗?

醋自发明以来就在中华民族饮食文化中占有独特地位，中国是世界上最早使用谷物酿造醋的国家，至迟春秋时期就已经开始酿醋了，至今已经有大约3000年的历史。相传醋是酒神杜康的儿子帝予发明的，说他学着杜康酿酒，却因技术不到位而使酒发酸，就成了醋。虽然这故事是杜撰的，但是醋和酒确实关系密切。

先秦时期，人们把醋称为“醯（xī）”。《说文解字》中说：“醯，酸也。”西周时还设有“醯人”一职，专门负责向王室供应醯。后来人们还将爱吃醋的山西人称为“老醯”，音转为“老西”。先秦和秦汉时期，醯和酱都是人们常吃的调味品，所以它们常被称为“醯酱”。汉代时，醋还被称作“酢”（cù），酢同时也用来指酒。魏晋南北朝时期，醋还有“苦酒”的称呼。这些称呼都反映出古代人酿酒和做醋之间千丝万缕的联系。

南北朝时期，酿造醋的技术已经十分成熟了。《齐民要术》中记载了23种醋及其酿造方法，除了用酒糟酿造的醋，还有用粮食酿造的醋、蜂蜜制作的醋、乌梅汁做的醋。

到了唐代，“醋”字逐渐取代了之前“酢”的称呼，并在各种美食中被广泛用作调味品。此时的酿造技术也有了进一步发展，出现了桃醋、葡萄醋、枣醋等新型果醋。

宋代时，醋已经是“人家每日不可阙者”，成为生活中必不可少的调味品了。陶穀《清异录》中称醋是“食总管也”。《事林广记》中提到过一种名叫“千里酸”的醋，可见宋代醋的酸度应该有所提高。南宋时，临安城还设置了专门负责生产醋的“御醋库”和“公使醋库”，足见当时人们对醋的喜爱。

元代以后，醋的种类日渐丰富。元代忽思慧编撰的《饮膳正要》中说：“醋有数种：酒醋、枣醋、桃醋、麦醋、葡萄醋、米醋为上，入药用。”这时的人们偏爱米醋，而之前各代则多以麦醋为主。明

图 25-1　魏晋·滤醋画像砖酒泉市肃州区博物馆藏

清时，酿醋技艺更胜之前，出现了更多风味各异的品种。《宋氏养生部》中提到的就有社醋、腊醋、四时醋、长生醋、须臾醋、神仙醋、大麦醋、炒麦醋、糖醋、酒醋等。人们对酿醋的原料、时间都十分重视，食用醋也更加讲究了，有的人家为了凸显风味，还用香料熬制醋后再食用。

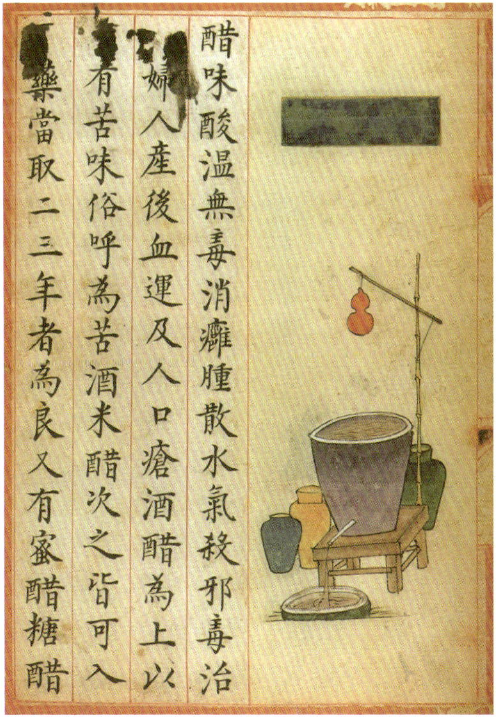

图 25-2　明·《食物本草》中的酿醋示意图

26. 饴糖是什么时候发明的?

图 26　明·《食物本草》中的饴糖制作图

甜味是中国传统“五味”中的重要一味，中国古代的主要甜味来源就是饴糖、蔗糖和蜂蜜。

宋代学者在校订《说文解字》时将“糖”收入新附字中，并解释说：“饴也，从米，唐声，徒郎切。”可以看出，早期人称糖，一般就是指饴糖，是麦芽熬成的糖稀。而释“饴”时说：“米蘖煎也，从食，台声，与之切。”“米蘖煎”正是饴糖制作的原料和基本制作方法。

早在先秦时期，中国人就已经掌握了饴糖的制作方法。《尚书·洪范》中记载：“稼穑作甘。”用粮食制作甘甜之味，就是指制作饴糖了。《礼记·内则》中说：“枣、栗、饴、蜜以甘之。”这些正是当时常见的甜味食物，后来人们形容甜味常用“甘之如饴”。

秦汉以后，饴糖的生产就比较普遍了，但不同地区的名称略有区别。函谷关以西的关中地区称为“饴”，中原地区则称为“饧”（táng），唐代以前的人们大多也是用“饴”，唐代以后则更多使用“饧”了。

古代人们有时还对不同状态的糖有不同的称呼，将流动且黏稠得像胶的麦芽糖称为“饴”，而凝结成块的麦芽糖称为“饧”。

27. 古人吃的蔗糖是什么样的?

如今我们日常吃得最多的糖就是蔗糖了，是用甘蔗榨汁提纯炼制出来的。根据外形和工艺的些许不同，又分为砂糖、冰糖和乳糖。

砂糖，一般根据颜色又分为白砂糖和红砂糖。汉代时，砂糖是珍贵的贡品。东汉张衡《七辩》中载：“砂饧石蜜，远国贡储。”说的就是红砂糖。

唐代以前，因为砂糖带有不能结晶的“糖蜜”，所以也称为“带蜜砂糖”，非常容易溶解成糖浆，不能长期保存。唐太宗和唐高宗时，专门派人到天竺学习制糖技术，已经可以制作出红砂糖。这种糖可以长期储存，也不易溶化。

宋代时，南方出现了许多产糖区，这些蔗糖被大量运往北方和中原地区。这时已经出现了一种白砂糖，但与我们今天吃的白色砂糖并不同，只是红砂糖经过进一步处理，颜色比红砂糖略浅，呈现褐色。

中国真正的白砂糖制造始于明代。宋应星在《天工开物》中记载了这时新的制糖技术：“榨汁入缸，看水花为火色。其花煎至细嫩，如煮羹沸……用黄泥水淋下。其中黑滓入缸内，溜内尽成白霜。最上一层厚五寸许，洁白异常，名曰西洋糖（西洋糖绝白美，故名），下者稍黄

图 27-1　明 · 宋应星《天工开物》中的制糖图

褐。”这种技术最早引进到福建泉州，后来扩展到福建各地，不仅供应国内需求，还销往国外。但传统手工制造的白砂糖产量较低、质量参差、价格高昂，所以通常只是上层社会购买消费。

冰糖在古代最初被称为“糖霜”，而后因为它像冰一样透明，又被称为“糖冰”，后又改成“冰糖”，沿用至今。中国是最早发明冰糖的国家。南宋时，王灼专门编写了一本《糖霜谱》，是中国第一部关于制造冰糖的专著。宋代时，人们已经掌握了冰糖自然冷却结晶的技术，还将冰糖的颜色作为划分品质的重要参考，一般“紫为上，深琥珀次之，浅黄色又次之，浅白为下”。而明清以后，大多使用白砂糖溶化制作冰糖，做出来的冰糖颜色洁白，比宋代的紫色上品冰糖品质更佳。冰糖大多用来制作饮料和点心，《糖霜谱》中就提到“对金汤”“凤髓汤”“妙香汤”3种用冰糖制作的养生饮品，还有用松子、冰糖、核桃制作的“冰糖饼”。除此之外，冰糖又可药用，被认为可以消痰止咳，深受人们喜爱。

乳糖制作技术在唐代由印度引进，在唐代以前也叫作“石蜜”。宋代时，因为制作过程中添加了牛乳，又被称为“乳糖”。但它和我们现在吃的奶糖并不相同。制作时，先将砂糖加水溶化，再加入牛乳用来絮凝杂质，最后撇除牛乳和杂质，因此成品糖中基本不含牛乳了。唐宋时期，为了更好成型、防止松散，人们制作乳糖时往往还添加米粉等，所以做出来的乳糖呈白色。明代时，因为制作中不再使用牛乳，而是用蛋清替代，又常做成狮子、大象等兽形，此时的乳糖也被人们称为“兽糖”。“兽糖”常用于宴飨赏赐，因此也被称为“飨糖”“饷糖”等。

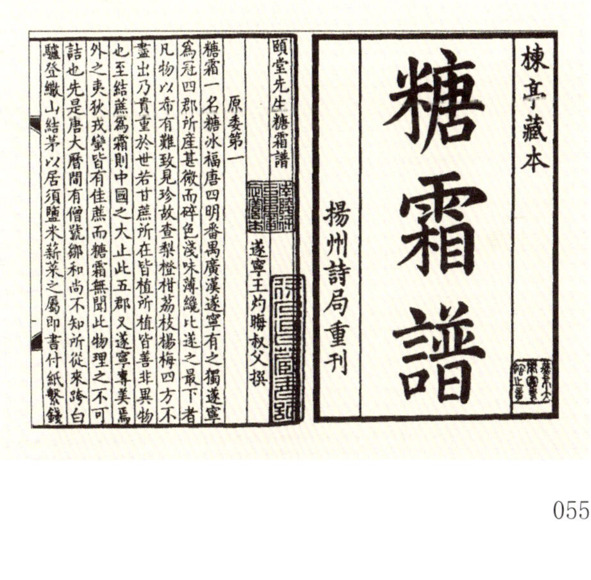
楝亭藏本

糖霜譜

揚州詩局重刊

頤堂先生糖霜譜

遂寧王灼晦叔父撰

原委第一

糖霜一名糖冰福唐四明番禺廣漢遂寧有之獨遂寧爲冠四郡所産甚微而碎色淺味薄纔比遂之最下者凡物以希有難致見珍故查梨橙柑荔枝楊梅四方不盡出乃貴重於世若甘蔗所在皆植所植皆善非異物也至結蔗爲霜則中國之大止此五郡又遂寧專美焉外之夷狄戎蠻皆有佳蔗而糖霜無聞此物理之不可詰也先是唐大曆間有僧號鄒和尚不知所從來跨白驢登繖山結茅以居須鹽米薪菜之屬即書付紙繫錢

图 27-2　宋・王灼《糖霜谱》（局部）

28. 古代的川菜也是辣的吗?

辣椒本是外来物种，却在短短几百年内对四川人民的饮食习惯产生了极大的影响。辣椒大约是明朝末年传入中国的，早期主要用来观赏，引进四川则更晚些。四川地区最早记录辣椒的本地文献是清乾隆十四年（1749）时刊印的《大邑县志》，书中提

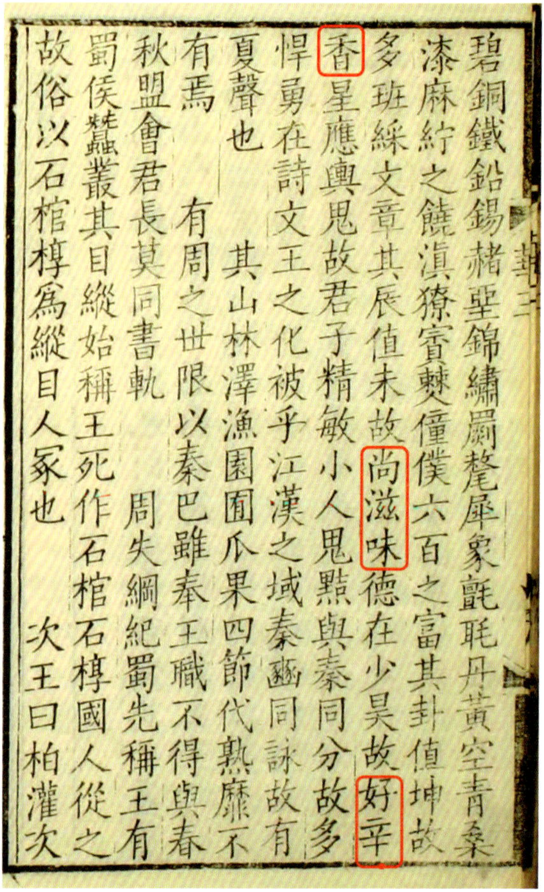
碧銅鐵鉛錫赭堊錦繡罽氂犀象氈毦丹黃空青桑漆麻紵之饒滇獠賨僰僮僕六百之富其卦值坤故多班綵文章其辰值未故尚滋味德在少昊故好辛香星應輿鬼故君子精敏小人鬼黠與秦同分故多悍勇在詩文王之化被乎江漢之域秦豳同詠故有夏聲也　其山林澤漁園囿瓜果四節代熟靡不有焉　有周之世限以秦巴雖奉王職不得與春秋盟會君長莫同書軌　周失綱紀蜀先稱王有蜀侯蠶叢其目縱始稱王死作石棺石槨國人從之故俗以石棺槨爲縱目人冢也　次王曰柏灌次

图 28　东晋·常璩《华阳国志》（局部）

到："秦椒，又名海椒。"但这时仅是提到辣椒这一物种，并未记载辣椒用于饮食，所以四川人食用辣椒的历史满打满算其实还不到300年。那么在这之前，四川地区都用什么来调味呢？

其实，巴蜀地区人民在辣椒传入之前的口味就很重了，《华阳国志》中就记载了四川人民"尚滋味""好辛香"。"辛香"主要是指花椒、姜和茱萸，这3种香料在古代被并称为"三香"。在中国古代的很长一段时间，它们都是最常用的辛香调料。而到了后期随着新物种的传播，花椒与胡椒开始被并称为"二椒"。

这3种香料虽并称"三香"，但在使用中的重要程度是不同的。花椒是四川地区使用最多的，而历史上其他地区使用较多的则是茱萸。花椒是中国原产的，在中国古代种植分布十分广泛。中国人食用花椒已有至少2000年的历史，巴蜀地区在很早以前就种植花椒。陶弘景称："出蜀都北部，人家种之。皮肉厚，腹里白，气味浓。""人家种之"就是说每个家庭都在自家种植花椒食用，可以看出当时巴蜀地区种植和食用花椒都很普遍。

《本草纲目》中也记载了川人用茱萸做调味料的场景，"味辛而苦，土人八月采，捣滤取汁，入石灰搅成，名曰艾油，亦曰辣米油，始辛辣蜇口，入食物中用"。"土人"就是指当时的蜀地居民，也就是现在的四川人民，艾油就是茱萸油。所以辣椒引进之前，川菜还常用茱萸调味。

此外，古代四川还常用姜烹饪，姜也是四川的特产。《史记·货殖列传》中记载："巴蜀亦沃野，地饶卮姜。"左思在《蜀都赋》中也曾提到"辛姜"。《后汉书·方术列传》中还记载：曹操命令左慈烹饪鲈鱼，而他首先想到的调料就是四川的生姜。《神仙传》中也记载了孙权专门派人来求"蜀姜"做鱼的故事。此外，还有很多关于"蜀姜"的记载，可以看出四川地区的姜在古代有极高的地位。

29. 古人做菜都用什么油?

因为动物油更容易提炼获取，所以它一直是人们的主要食用油，一般被称为“脂”和“膏”。“民脂民膏”常用来代表财富，就与此有关。《释名》中说：“戴角曰脂，无角曰膏。”就是说用长角的动物提炼的油叫作脂，例如牛羊油；没有长角的动物提炼的油则叫作膏，例如猪油。《礼记·内则》中还将它们的烹饪方法做出区分，去腥时“脂用葱，膏用韭”。

动物油除了食用，也曾用于照明。1968年，河北满城汉墓中出土的长信宫灯的灯罩里残留有蜡状物质，专家考证后，确定为动物油脂。《史记》中也有记载：“以人鱼膏为烛，度不灭者久之。”这里的“人鱼膏”，研究人员虽不能确定是什么物质，但按当时的条件，推测应该也是一种动物油。

图 29-1　西汉·长信宫灯，河北博物院藏

图 29-2　明·《补遗雷公炮制便览》中的胡麻

汉代时，人们已经意识到植物也可以榨油。最初食用的植物油并不是大豆油、花生油、菜籽油这些如今常见的种类，而是胡麻油，也就是芝麻油。但这时的压榨取油技术比较原始，效率不高，食用也并不普及。

唐代时，芝麻油已经是“常食所用也”，逐渐成为主流。宋代除了芝麻油，还发展出许多植物油品种。北宋庄绰的《鸡肋编》中就列举了几种：“油通四方，可食与然者，惟胡麻为上，俗呼脂麻……河东食大麻油……陕西又食杏仁、红蓝花子、蔓菁子油……山东亦以苍耳子作油……颍州亦食鱼油。”其中的“蔓菁子油”就是菜籽油。

关于植物油如何榨取，元代《王祯农书》中对榨油器械和过程都有详细记载，民间称为“木榨榨油法”。明代时，宋应星在《天工开物》中不光记录了木榨法，还有水代法、舂法、磨法等方法，这一时期的榨油技术已经有了巨大的进展。

现在我们普遍食用的花生油出现得很晚，但清代时也已经开始食用。《滇海虞衡志》中提到：“落花生为南果中第一……以榨油为上，故自闽及粤，无不食花生油。”说明东南沿海这时已经普遍食用花生油了。

30. 古代人吃生鱼片吗?

我们现在去日料店吃饭，生鱼片几乎是必点菜了。其实生鱼片并不是日本所独有的，也不是“舶来品”，中国人可以说是自古就吃。生鱼片在中国古代一般被叫作“脍”，也写作“鲙”，有羊脍、牛脍、鹿脍，但最常食用的还是鱼脍。古代以“干肉为脯，生肉为脍”，我们现在喜爱的生鱼片和烤肉在古代也是十分受欢迎的，“脍炙人口”这个词里的“脍”就是切成丝的生肉，而“炙”就是烤肉。它们被放在一起，用来比喻广受人喜爱和称赞的诗文等。

早在《诗经》中就有“炰鳖脍鲤”的记载，就是鲤鱼做的生鱼片，也可以切成条状。那么，古代吃生鱼片用什么调味呢？《礼记》中提到“脍，春用葱，秋用芥”，看来古代人不光吃生鱼片，还跟现代人一样要蘸芥末吃，但只限于秋天，而春天是用加葱的酱来调味。鱼脍大抵就是切丝或切片，不需要过于复杂的技法，因此后面历朝历代的发展和演变，主要也就集中在对生鱼片的调味上了。

魏晋时期，出现了专门配生鱼片食用的调料，其中有一种叫作“八和齑”，是用蒜、姜、橘、白梅、熟栗黄、粳米饭、盐和醋8种不同风味的原料，按一定比例制作调和而成的，也被称为“脍齑”，味道鲜美独特。

隋唐时期，有一道名叫“金齑玉脍”的特色名菜，是用鲈鱼做的生鱼片，加上用橙皮捣碎加醋制成的调料，这种调料叫作“橙齑”。《齐民要术》

《太平广记》等书中对“金齑玉脍”都有记载。相传隋炀帝也在巡幸江南时品尝过这道美味，并大为称赞。

元代的《居家必用事类全集》中提到“鱼脍”的调味是用萝卜汁、香菜、姜丝、芥辣醋等，不光能去腥，还能增香并刺激人的味蕾。《饮膳正要》中也记载了“鱼脍”，还专门指出是鲤鱼所做的。

明清时期，除了调味，人们似乎还格外看重刀工。《广东新语》中提到“鱼生”：“粤俗嗜鱼生……细刽之为片，红肌白理，轻可吹起，薄如蝉翼。”此时调味还使用了陈酒，别有一番风味。而清代杭州的生鱼片调味就比较简单了，只放盐、葱、姜、麻油和生鱼片拌一下就可以吃了，有点儿返璞归真的意味。

图 30　北宋·妇女斫鲙雕砖
中国国家博物馆藏

31. 豆腐是如何发明的?

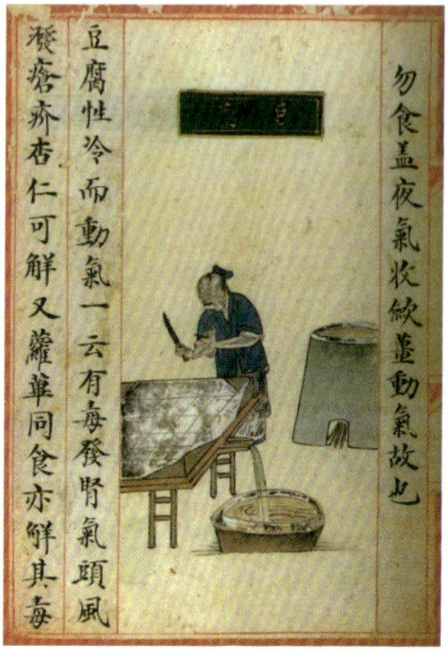

图 31-1 明·《食物本草》中的做豆腐

豆腐是人们非常喜爱的食品，堪称中国饮食文化的瑰宝。豆腐在不同历史时期有许多不同的称呼，如豆脯、乳脂、黎祁、小宰羊、菽乳、白虎、刀呱、甘脂、豆乳、水林等。那么，豆腐是什么时候被谁发明的呢？

最广为流传的说法是，豆腐是在公元2世纪的汉初时被淮南王刘安发明的。《本草纲目》中说：“豆腐之法，始于前汉淮南王刘安。”还有很多明清古籍中记载了这一观点。据说，淮南王刘安热衷于炼丹，曾招揽大批方士为他炼制长生丹药，其所用材料除了矿物，也有动物和植物。而他在炼丹过程中偶然使大豆汁液与石膏等发生了化学反应，形成了豆腐的雏形。但在汉到唐末的很长一段时间里，都没有古籍记载这一重要发明，也没有相关考古发现佐证这一观点，所以难以有定论。

关于豆腐的最早确凿证据，是北宋初年陶穀在《清异录》中“肉味不给，日市豆腐数个，邑人呼豆腐为小宰羊”的记载。大量文献记载表明，豆腐在宋初已十分常见，并成为日常食品。因此，可以推断豆腐的发明时间应当比文字记载更早，但尚无证据断定其确切年代。

豆腐的制作步骤，从有记载起至明清时期都没有太大的变化。从历代文献记载中，可以整理出较为完善的豆腐生产流程图：

点兑作为制作豆腐步骤中重要的一环，其实就是在豆浆中加入适量凝固剂，使豆浆改变形态，凝固成型。各时代不同地区使用的凝固剂大约有以下几种：盐卤汁（氯化镁、硫酸镁、氯化钠等饱和溶液）、山矾叶（含有重水盐类的矿物）、石膏（含水硫酸钙），还有醋酸（一般是各种食用醋类）。这些凝固剂不仅价廉有效，且很好获得，又无毒性，是中国古代劳动人民智慧的又一体现。

图 31-2　做豆腐流程图

32. 古人喜欢吃臭食吗？

酸、甜、苦、辣、咸是中国人对自己口味的描述，但除了“五味”，还有许多味道也深受人们的喜爱，其中就包括臭味。《吕氏春秋·本味篇》曾说：“臭恶犹美，皆有所以。”臭味食物在中国饮食中的地位从古至今都是很高的，现在常见的臭食，如臭腐乳、臭大酱、臭豆腐、臭鳜鱼等，都拥有大批忠实的拥趸。臭食虽普遍，但在中国古代饮食史中，有关的文献资料非常少。许是因为与“臭”相关的字词往往带有贬义，人们避之不及，所以很难落于纸上。

臭食的出现大约是因为早期人类食物匮乏，也没有什么有效的长期储存手段，食物很容易变质，但人们一般不舍得扔掉。在长期生活中，人们逐渐发现食用这些变质食物不仅不会危害健康，还能品尝

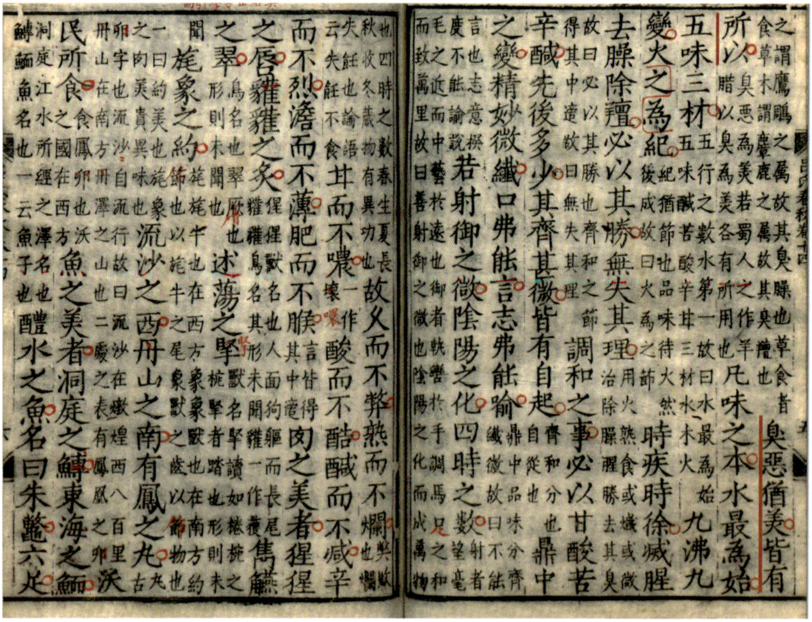

图 32　战国·《吕氏春秋》中记载的臭食

到独特的风味，便开始模拟这种变质的过程，对食物进行“变臭”加工，如腌制、熏制、晾晒等。这些加工方法还能让食物长久保存，吃臭经验因此流传下来。

《史记》中记载，秦始皇巡幸天下时驾崩，李斯和赵高秘不发丧。到了夏天，秦始皇尸体开始发臭，他们就命人弄来一堆腌鱼放在车内，以掩盖尸体腐烂的臭味。由此我们可以猜测，腌鱼就是当时的一种臭味很明显的食物。

《太平广记》中也记载过一种被称为“海鮸干鲙”的腌鱼做法：“微咸而有味，味美于石首含肚。”虽然臭，但味道极佳。“石首含肚”是用石首鱼制成的腌制食物，是当时东南沿海进贡朝廷的珍品。由此可以看出，此时人们已经脱离了被迫吃臭的阶段，而是追求臭味食物的鲜美滋味，开始研究怎么做能让臭食更好吃。而“海鮸干鲙”的发明者杜济被人称为“口味使大都督”，似乎也能说明人们对吃臭和口味的追捧。

人们吃臭是有一定科学道理的。人只能闻到臭味，却吃不出臭味，但味觉对食物发酵产生的氨基酸很敏感，比如谷氨酸就带有鲜美的风味，成为后来味精、鸡精的主要成分。如此一来，“闻着臭，吃着香”便成为大部分臭味食物的核心特点。

33. 包子起源于何时?

相传，包子是由诸葛亮发明的，但是最初不叫包子，而叫馒头。明代郎瑛在《七修类稿》中记载：“馒头本名蛮头，蛮地以人头祭神，诸葛之征孟获，命以面包肉为人头以祭，谓之‘蛮头’，今讹而为馒头也。”可以看出，最初诸葛亮用来替代蛮人的头做祭品的就是这种牛羊肉馅的包子。

北宋《清异录》中也记载了一种唐德宗喜欢的以熊白和鹿肉为馅的“玉尖面”馒头，俨然就是我们现在吃的包子。同样是《清异录》中，还记载了五代时的一家“张手美家”餐馆菜单，其中有售卖“绿荷包子”。可见，包子的称呼早在五代就已经出现了。

左／图 33-1　湖北襄阳檀溪南宋墓出土壁画中的包包子情形
引自孙机《中国古代物质文化》

右／图 33-2　唐·咸阳薛氏墓东壁的《端馍男侍图》

很长一段时间里，人们对包子和馒头的区分并不严格，大多时候都是混用的。如南宋时王栐就在《燕翼诒谋录》中提到：“仁宗诞日，赐群臣包子，即馒头别名。今俗屑面发酵，或有馅，或无馅，蒸食者谓之馒头。”大约到了清代，人们才将二者分开。清代的《素食说略》中记载：“以发面蒸之，曰蒸馍，俗称馒头。以发面实蔬菜其中蒸之，曰包子。”这时，以有没有馅为标准，将二者区分开来。但《清稗类钞》中提到：“南方之所谓馒头者，亦屑面发酵蒸熟，隆起成圆形，然实为包子。”由此看来，似乎只有北方地区将二者区分开来。时至今日，南方许多地区依然称包子为“馒头”。

图 33-3　山西屯留宋村金代壁画墓墓室东壁庖厨图

34. 汉代的烧烤是什么样的？

图 34-1　山东省诸城前凉台汉墓《庖厨图》（局部）

烧烤是现在非常受欢迎的一种烹饪方法，只需要简单的加工就可以激发出食物自身的香味，令人食欲大开。其实烧烤这一烹饪方法由来已久，不过“烧烤”之名出现得比较晚，古代一般称之为“炙”。《礼记·礼运》中记载：“昔者先王……食草木之实，鸟兽之肉，饮其血，茹其毛……以炮以燔，以烹以炙。”远古先人不再茹毛饮血后，最早的烹饪方式就是将食物直接放在火上炙烤。在距今四五十万年前的北京人遗址中，考古研究人员就发现过使用和控制火的证据，当时的人们大约已经开始烤制肉食了。

烧烤在汉代就已经十分流行了，而且烤制的食物种类十分丰富。相传汉高祖刘邦自幼喜欢烤牛肝、烤鹿肝和烤肉，当上皇帝后依然经常食用，所以上行下效，烧烤之风风靡全国。除此之外，各种飞禽走兽也可以成为烤炉上的美味。这一时期，也是物种引进的重要时期，张骞出西域带回了许多香料，如大蒜、胡荽、花椒等，这些香料使食物香味大增，成为烤肉发展的重要加持。

江苏徐州、四川新都、山东临沂、河南洛阳、陕西绥德、甘肃嘉峪关等地出土的汉代画像石中也常常刻画烧烤的场景，且画中人物分工明确。《庖厨图》中，偌大的厨房里，有人宰羊切肉，有人穿串，有人烧烤，有人端盘子，俨然一套分工细致的流水线操作。可以看出，当时的人们已经熟练掌握了烤肉的烹饪方法和技巧。除此之外，各地汉墓中还常发现烤炉等烧烤用具，样式与今天使用的也非常相似。

除了烤制肉食，汉代人还烤制胡饼。胡饼由西域传入中原后，广受人们喜爱，不同于之前常见的蒸饼，胡饼口感香脆，别有一番滋味。

图 34-2　西汉·铜烤炉，中国国家博物馆藏

35. 火腿是什么时候发明的？

图 35-1 清·《古圣贤像传略》中的宗泽像

火腿是我国传统的腌肉制品，一般是腌制或熏制的猪腿，现在最为著名的有金华火腿、云南火腿、苏北火腿，风味不同，各具特色。那么，火腿是什么时候发明的呢？

相传，“火腿”的发明与抗金名将宗泽（别名宗忠简）有关。宗泽凯旋时，老百姓送上了当地产的猪腿慰劳抗金部队官兵。因为路途遥远，为了便于储藏，官兵们就将猪腿腌制晒干。后来宗泽还将这种腌制的猪腿进献给宋钦宗，钦宗见其切开色泽鲜艳似火，便赐名“火腿”。因此，民间多将宗泽认作火腿业祖师爷，近代有些火腿作坊开业时，依然在正堂供奉宗泽公像，以示崇敬。

一般认为，最早关于“火腿”的记载是北宋苏轼所作的《格物粗谈》：“火腿用猪胰二个同煮，油尽去。藏火腿于谷内，数十年不油，一云谷糠。”但经考证，《格物粗谈》是后人假托苏轼之名所作，所以将它作为宋代时发明了火腿的依据并不可信。腌制肉食，包括火腿的腌制是不断进化演变的，火腿应源于宋代的“腊肉”，也是一种腌制的肉。

最早提到“火腿”的是1526年《嘉靖浦江志略》中的“曰擂茶，曰火腿”。但当时大多还是称“火肉”，一直延续到明代末期左右。如今也还有部分地区沿用这一称呼，将火腿称为火肉。

明代时，许多文献资料中都提到了“火肉”。明初韩奕《易牙遗意》中就记载了“火肉”的做法：“以圈猪方杀下，只取四只精腿，乘热用盐，每一斤肉盐一两，从皮擦入肉内，令如绵软。以石压竹栅上，置缸内二十日，次第翻三五次。以稻柴灰一重间一重垒起，用稻草烟熏一日一夜，挂有烟处。初夏水中浸一日夜，净洗，仍前挂之。”这种取“四只精腿”、腌后再熏的做法，已经和今日的火腿基本相似了。明代时，金华火腿已经作为贡品进献朝廷。1606年的《万历兰溪县志》中记载：“火肉皆每岁额办之数派办。”明代中后期，向朝廷进贡火腿已成为金华地区常例。

清初时，火腿依旧保留烟熏环节，但相比明代，对制作细节的要求更为精细了，如不能用手直接把盐抹在肉上；为防止腿肉受热腐败，在调料中加入花椒末；熏制的燃料改为松树枝，风味更为独特了。后来由于金华火腿大量外销，烟熏工艺比较费时，就改为了室外露天晾晒。清中期时，火腿还成为公认的高档礼品，配以绍兴酒，“南北成俗”。

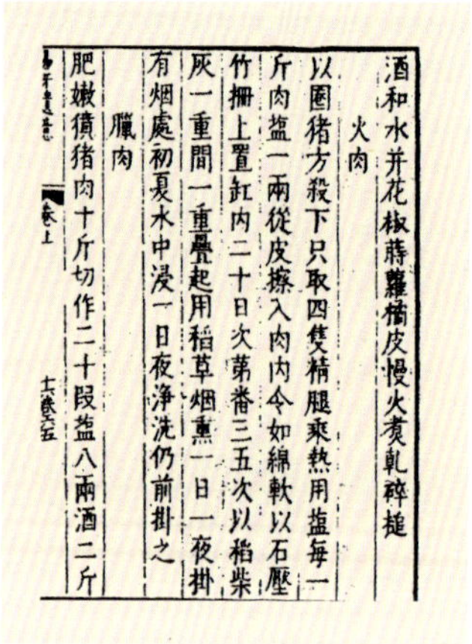
酒和水并花椒蒔蘿橘皮慢火煮乾碎擿
火肉
以圈猪方殺下只取四隻精腿乘熱用塩每一斤肉塩一兩從皮擦入肉内令如綿軟以石壓竹柵上置缸内二十日次第番三五次以稻柴灰一重間一重疊起用稻草烟熏一日一夜掛有烟處初夏水中浸一日夜淨洗仍前掛之
臘肉
肥嫩獖猪肉十斤切作二十段塩八兩酒二斤
易牙遺意 卷上

图 35-2　明 · 韩奕《易牙遗意》中记载的火肉及做法

右 / 图 35-3　清 · 徐杨《京师生春诗意图》（局部）故宫博物院藏

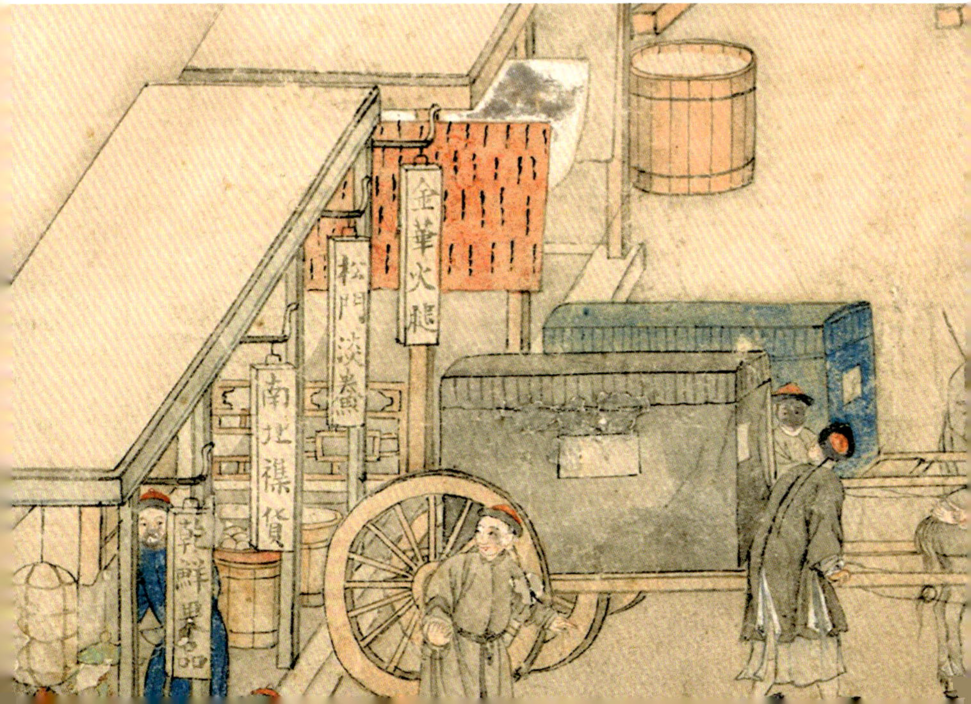
金華火腿
松門淡鯗
南北襍貨
乾鮮果品

36. 古代有蜜饯吗?

蜜饯也叫蜜煎，古代由于交通不便以及贮藏条件有限，水果只能在一定的地域内消化，无法靠长途运输来调节市场。后来人们发现鲜果用蔗糖或蜂蜜腌渍，可以久藏不腐，吃起来还另有一种清雅的暗香。加之有些果物鲜食味道欠佳，如山楂、橄榄等，鲜食又苦又涩、不堪下咽，经过蔗糖或蜂蜜腌渍，就能改变其原有的味型，变得酸中带甜、爽口开胃，成为人们的添案小吃。苏东坡有诗曰："糖霜不待蜀客寄，荔支莫信闽人夸。恣倾白蜜收五棱，细劚黄土栽三桠。"他说的就是蜜饯杨桃十分好吃，口感不亚于蜀中的糖霜、福建的荔枝，对蜜饯给予了高度评价。

图 36　湖南靖州的非物质文化遗产雕花蜜饯

到了北宋时期，这种蜜饯果子更是得到人们的青睐。为此，宋代政府还专门成立了"蜜煎局"，负责研发制作各式蜜饯、干果、凉果，以供皇家御用。此外，官府和豪富之家举办筵席，有四司六局专事操持铺排筵席，蜜煎局就是"六局"之一，负责提供各种蜜饯果脯，为盛宴服务。

蜜饯中卖得最好的要数雕花蜜饯，这是一款源于唐代的蜜饯，是先以精妙刀工把果品雕刻出各色形态，再用蜜渍或糖渍，除了满足口腹之欲，还可以供食客们赏玩。这种特殊的果品发展到北宋之后便普及开来。

37. 中国人是从什么时候开始吃皮蛋的?

皮蛋是我国特有的一种食品，因为蛋白形似皮革且有一定韧性，所以得名。又因其表面有松花状的花纹，所以也被叫作松花蛋，有的地区还称其为变蛋。现在有许多美食如皮蛋瘦肉粥、茄子擂皮蛋、凉拌皮蛋等，都以它为主角。那么它是从什么时候开始，又是如何成为我们餐桌上的美味的呢？

相传明代时，江苏吴江有家小茶馆，店主在客人喝完茶后，会将茶叶倒在炉灰中。因为当地人大多家中养鸭，茶馆的店主也不例外。一次在清理炉灰时，店主竟在炉灰中发现几个鸭蛋，本以为已经坏掉了，敲开一看，竟然变成了半透明的褐色固体，上面带有花纹，还散发出特别的香味。他尝了一下，觉得非常爽口好吃，这就是皮蛋。

传说并不可尽信，但文献中最早关于皮蛋的记载也确实是在明代。明代成书的《竹屿山房杂部》中记载了一种“混沌子”的做法：“取燃炭灰一斗，石灰一升，盐水调入，锅烹一沸，俟温，苴于卵上，五七日，黄白混为一处。”“混沌子”就是用碳灰和石灰混合，使蛋发生化学变化，这大约就是早期的皮蛋。明末时戴羲《养余月令》中提到“皮蛋”一名，当时也称为“牛皮鸭子”，书中写道：“腌牛皮鸭子先以菜煎汤，内投松、竹叶数片，待温，将蛋浸洗毕。每百用盐十两，真栗柴灰五升，石灰一斗，如常调腌之。入坛三日，取出盘调上下，复装入，过三日又如之，共三次，封藏一月余，即成皮蛋。”由此看出，明代时人们已经掌握了皮蛋的制作方法，而中国人食用皮蛋的历史应当也有500年左右了。

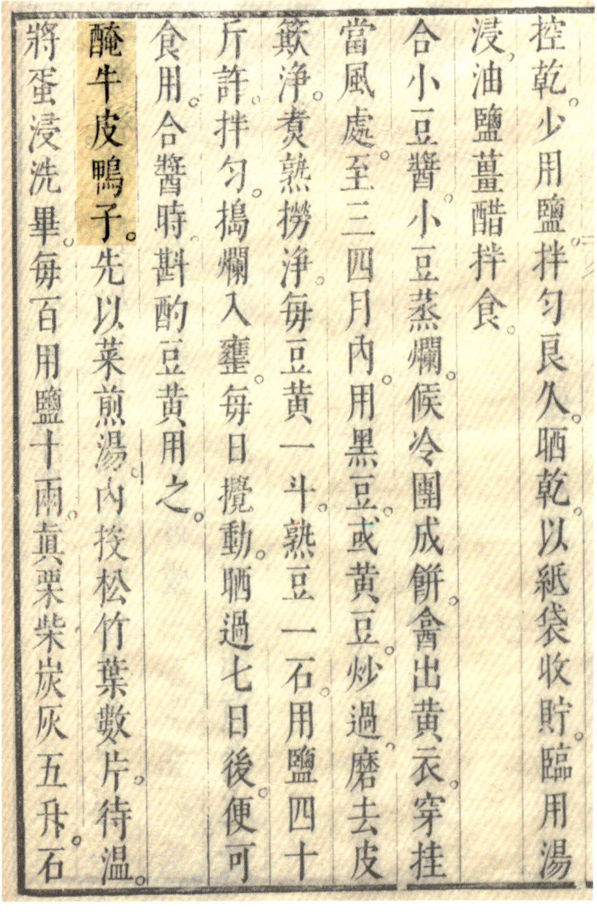
控乾少用鹽拌勻良久晒乾以紙袋收貯臨用湯
浸油鹽薑醋拌食
合小豆醬小豆蒸爛候冷團成餅罨出黃衣穿挂
當風處至三四月內用黑豆或黃豆炒過磨去皮
簸淨煮熟撈淨每豆黃一斗熟豆一石用鹽四十
斤許拌勻搗爛入罋每日攪動晒過七日後便可
食用合醬時斟酌豆黃用之
醃牛皮鴨子先以菜煎湯內投松竹葉數片待溫
將蛋浸洗畢每百用鹽十兩真栗柴炭灰五升石

图 37　明·戴羲《养余月令》中记载的“腌牛皮鸭子”

图 38-1　山西省洪洞县广胜寺水神庙元代壁画《卖鱼图》

38. 古人是怎么吃鱼的?

中国古代由于交通运输不便，所以吃鱼有一定的地域局限性，主要还是江南和沿海地区。在距今8000年前新石器时代的井头山遗址中，就出土了大量的木桨和木制独木舟模型；在距今6000年前的钱山漾文化遗址中，还出土过竹鱼篓、陶石网坠等，都说明早在新石器时代，人们已经开始捕鱼、吃鱼了。

先秦时期，鱼的做法主要有鱼炙、鱼羹、鱼脍等。鱼羹就是鱼肉做的浓汤，鱼脍是生鱼片一类，都是十分受欢迎的菜品。《吴越春秋》中还提到太湖边有位太和公，擅长制作“鱼炙”，也就是烤鱼。《楚辞》中提到一道“煎鲫”，就是油煎鲫鱼一类。在湖北曾侯乙墓中还曾出土一件命名为曾侯乙炙炉的青铜炊具，由两层圆盘组成，下层盛放木炭，上层竟有一条完整鱼骨，并拌有植物调料，大约就是烤鱼或煎鱼。

秦汉到南北朝期间，又出现了一些新的菜品。有一种将鱼块加盐放入容器中和米饭一起腌渍制成的鲊，这样做鱼肉不会腐败，还会产生特殊的风味。鲊还可以二次加工，加荷叶制成“裹鲊”，王羲之就曾作《裹鲊帖》赞道：“裹鲊味佳。”此时还新出现了鱼饼，是将鱼肉剁成泥后调味制作而成的，有的还加入少许猪肉增添风味。

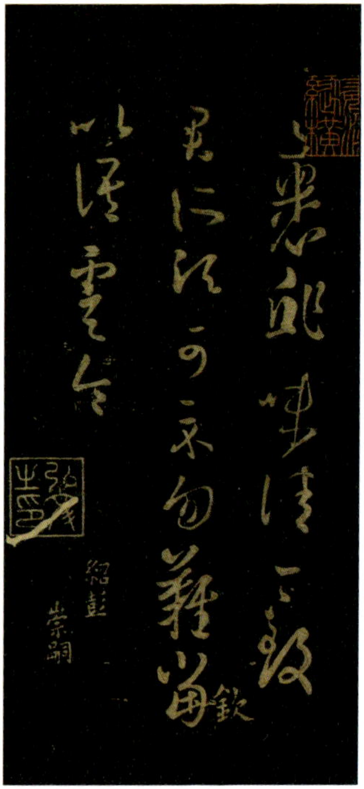

图 38-2　东晋・王羲之《裹鲊帖》

隋唐五代时期，新创作出“太湖鲤鱼鲊”，是苏州向隋炀帝进献的贡品。此外，还有“金齑玉脍”，据传隋炀帝称之为“东南佳味”。唐代人还编撰出一本《斫脍书》，总结了历代制作鱼脍所积累下的丰富经验，可惜原书已经亡佚，只有部分文字被保留下来。

宋元时期，鱼的做法更加复杂了，经

常使用多种调味和烹饪方法制作一道菜品。如《山家清供》中的“莲房鱼包”，《事林广记》中提到的“东坡脯”，《云林堂饮食制度集》中的“鲫鱼肚儿羹”，还有大名鼎鼎的“宋嫂鱼羹”“水晶脍”等。宋代《中馈录》中记载了“蒸鲥鱼”的做法，提到“去肠不去鳞”，这种制作方法一直流传至今。

明清时期，菜品的种类和味道都更加丰富了，许多著作中对此有相关描述。《宋氏养生部》中收录了10余种鱼馔；《随园食单》中除了记载菜肴，袁枚还谈及自己的感受并发表些许议论；《调鼎集》中则记载了200余种鱼馔。明清时期人们吃鱼的精彩盛况可见一斑。

图 38-3　清·佚名《菜市归来》
台北故宫博物院藏

39. 古人喜欢吃面吗?

史料中关于面条最早的记载是在东汉时期，距今已有大约2000年了。古代经常将各种面食称为“饼”，汉晋时的面条被称为煮饼、汤饼、索饼、水溲饼。经考证，其中的“汤饼”大约是一种面片汤，经它进一步发展出“索饼”。“索饼”是一种手工搓揉成的长而细的线状面，边制作边投入沸汤中煮熟，非常接近如今的面条形态。

南北朝时期还将面条称为“水引”“馎饦”。《齐民要术》中还记载了“水引饼”的做法，这是一种长一尺、“薄如韭叶”、类似阔面条的水煮面食。唐代时，面条的称呼又多了几种。凉面称为“冷淘”，过水面称为“温淘”，“汤饼”有热汤面的意思。《唐六典》中记载：“冬月量造汤饼及黍臛，夏月冷淘、粉粥。”杜甫也曾作一首名为《槐叶冷淘》的诗。

宋代开始，面条才正式被称为“面条”，还出现了许多新的品种和各种地方风味。北宋时，汴梁（开封）的北食店中出售“淹生软羊面”，南食店中出售“桐皮熟烩面”，川饭店中出售“大燠面”（一种焖面），寺院中还有“斋面”。南宋时，临安城中有北味的“三鲜面”、南味的“鹅面”、山东风味的“百合面”，还有各种浇头的煮面、炒面和煎面等，花样繁多，成为当时人的日常主食。

元代时，古籍中第一次记载了“挂面”。《饮膳正要》中提到：“挂面，补中益气。羊肉一脚子，切线乞马；挂面六斤；蘑菇半斤，洗净，切；鸡子五个，煎作饼；糟姜一两，切；瓜荠一两，切。右件，用清汁下胡椒一两，盐、醋调和。”记载的是一种用羊肉、蘑菇和鸡蛋烹制的挂面。

明代时出现了“扯面”，宋诩编著的《宋氏养生部》中记载有“扯面”的制作方法：“用少盐入水和面，一斤为率。既匀，沃香油少许，夏月以油单纸微覆一时，冬月则覆一宿，余分切如巨擘。渐以两手扯长，缠络于直指、将指、无名指之间，为细条。先作沸汤，随扯随煮，视其熟而先浮者先取之。齑汤同前制。”刘伯温在《多能鄙事》中还提到“萝卜面”“茱萸面”“蝴蝶面”等8种面条的做法。

图 39　青海省喇家新石器时代遗址出土的最早的面条实物

到了清代，许多地区形成了具有本地特色的面条，如北京的炸酱面、扬州的裙带面、四川的担担面、山西的刀削面等。还出现了不同的做面理论，袁枚认为面汤极为重要，提出应用一碗精心熬制的汤配以少量面。李渔却是更注重面条本身，他所创的五香面和八珍面都用料讲究、极为鲜美。

40. 唐代有哪些“胡食”西来？

唐代由于国力强盛，又实行对外开放的政策，各方面的交流都非常频繁，饮食方面也不例外。这一时期有许多“胡食”西来，主要是西域传来的饮料、蔬菜、面点等。《旧唐书》中记载当时的长安城“贵人御馔，尽供胡食”，当时富贵人家几乎都在吃“胡食”。

当时的“胡食”中面点品种有许多，主要有毕罗、餢飳、胡饼、搭纳等。餢飳是一种油煎饼，唐代以前就传入中原了，南北朝时期的《齐民要术》中就记载了它的做法。毕罗一般认为是馅饼一类的有馅面食。《酉阳杂俎》中记载当时在长安至少有两家毕罗店，按斤售卖。毕罗传入后还有些改进，唐宋时期有蟹黄毕罗、猪肝毕罗、羊肝毕罗等，都是新发展出的风味。胡饼是早在汉代就传入的“胡

图 40-1　1972 年、吐鲁番市阿斯塔纳唐墓出土的胡饼

图 40-2　唐·狩猎纹高足银杯
中国国家博物馆藏

食”了，类似今天我们吃的芝麻烧饼，在唐代也叫“胡麻饼”。白居易还曾在诗中提到它：“胡麻饼样学京都，面脆油香新出炉。寄与饥馋杨大使，尝看得似辅兴无。”“辅兴”就是唐代长安城里的辅兴坊，那里的胡饼店十分出名。

和这些面点一起传入的还有胡酒。中国古代酿酒大多是用谷物，西域却是用水果。唐代传入的主要是高昌葡萄酒、波斯三勒浆和龙膏酒等。和葡萄酒一同传入的还有它的酿造方法，很快就普及开来。三勒浆也是一种果酒，是用庵摩勒、毗梨勒、诃梨勒3种树的果实酿造而成的，这3种果实产自印度地区。龙膏酒是一种西域贡酒，《杜阳杂编》中说它“黑如纯漆，饮之令人神爽”。

41. 古人吃的雕胡饭是什么?

雕胡饭是中国古代比较有名气的一种饭食，它的历史十分悠久，先秦至唐宋时期都有食用，颇具特色，但如今已经从我们的餐桌上消失了。

雕胡饭，顾名思义就是用雕胡米做的饭。雕胡米也叫菰米，是菰抽穗后结出的黑褐色细长籽实。夏商周时期，菰米就已经作为细粮食用了，秦汉以前还将它算作“六谷”之一，足见其重要地位。而菰米做的雕胡饭，也叫菰米饭，许多诗词歌赋中都有记载。宋玉《讽赋》中“主人之女为臣，炊雕胡之饭”的描述，司马相如《子虚赋》中提到的“东蔷雕胡”，都是指雕胡饭。《齐民要术》中还记载了“菰米饭法”：“菰谷，盛韦囊中，捣瓷器为屑……板上揉之，取米。一作，可用升半。炊如稻米。”记录了取菰米的方法，而菰米饭的制作方法和用水稻蒸大米饭是类似的。

图 41　菰米(雕胡饭)

唐代尤其流行吃雕胡饭，因为其香甜软滑，广受诗人、文人追捧。李白诗中写道：“跪进雕胡饭，月光明素盘。”杜甫也曾作诗说：“波漂菰米沉云黑，露冷莲房坠粉红。”另有一首诗也赞美了雕胡饭的美味：“滑忆雕胡饭，香闻锦带羹。”

南宋以后，菰大范围感染了一种黑粉菌，不再抽穗，无法结出菰米，人们因此就不再吃雕胡饭了。但它的嫩茎非常肥厚，于是人们开始食用这部分，并逐渐改良成更优良的品种，就是我们现在当作蔬菜食用的茭白，也是别有一番风味。

42. 什么是“酥山”？

炎炎夏日，我们都喜欢吃冰激凌降温解暑。其实古人也有“冰激凌”，那就是“酥山”。

“酥山”出现于唐代，在唐代章怀太子墓的壁画中就有手捧酥山的侍女。“酥”是古代的一种奶制品，与我们今天的奶油、黄油相近，口感细腻柔滑。韩愈诗中说“天街小雨润如酥”，就是用酥来比喻雨点的轻柔。而“酥山”的制作，就是将“酥”加热至融化，向底部装了冰的盘或碗中滴淋，一边淋，一边做出山的形

图 42-1　唐代章怀太子墓中的手捧酥山侍女壁画（局部一）

图 42-2　唐代章怀太子墓中的手捧酥山侍女壁画（局部二）

状，还要插上花朵、彩树一类作为装饰。酥山最初为白色，唐代诗人王泠然在《苏合山赋》中赞道：“或危或峻，其势参差，隐映陆离，疑雪釉之座窥；乍辉乍焕，其色璀璨，灼烁皓旰，与玉台兮相乱。”将酥山的样子形容为“雪釉”“玉台”，还描述了它的口感“触皓齿而便消，是津是润”，说它入口即化。

唐代一般是贵族或有钱人家里才有冰窖，冬天储存的冰可以留到夏天制作各式冷饮冰品。酥山在当时也算是奢侈品了，平民难得吃到，所以格外珍贵。王泠然甚至说：“倘君子之留赏，其捐躯而自殉。”如果能吃上一口酥山，甚至愿意舍弃性命！

除了用常见的白色的酥制作酥山，还有染成红的或绿色的“红酥”和“绿酥”，被称为“贵妃红”和“眉黛青”，也可以做成酥山。

43. 什么是“船菜”？

“船菜”，顾名思义就是在游船上为客人备制的菜肴。苏州、扬州的太湖周边地区的酒楼、饭店，大多有供应“船菜”用来招徕生意。客人可以一边游览湖光山色，一边品尝风味美食。

关于“船菜”的产生，说法不一。相传吴王夫差曾携西施在江上游玩，开船菜之风。也有人认为是始自唐代，白居易在苏州任刺史时疏浚了山塘河，泛舟游虎丘时形成了风俗。明代莫旦《苏州赋》载：“吴俗好遨游，当春和景明，莺花烂漫之际，用楼船箫鼓，具酒肴，以游上方山石湖诸处，上巳日最盛。”

清代时，“船菜”风行，因为大多是宴席形式，所以也叫船宴。大船可以接待3桌客人，小船则只能容纳2席，清代诗词笔记多有提及。《桐桥倚棹录》中记录了苏州船宴的奢华：“画舫的船制甚宽，艄舱有灶，酒茗肴馔，任客所指。宴舱栏楹桌椅，竞尚大理石，以紫檀红木镶嵌，门窗又多雕刻黑漆粉地书画，陈设有自鸣钟、镜屏、瓶花，位置务精。茗碗、唾壶以及杯箸肴馔，无不精洁。”除了菜品的美味，船宴的装饰也是极为精巧的，环境别具一格，更增添了吃饭的情趣。此外，还有“歌女弹琴弄弦，清曲助兴”，陪伴左右。

有的“船菜”将厨灶设在船舱内，也有将厨房设在另一艘船上的。“大船在酒肴，穹篷如亭榭，数艘并集……舱中男女杂坐，箫管并奏，宾朋喧笑。厨娘特善烹饪。后艄厨具……于是画舫在前，酒船在后，篙橹相应，放乎中流。传餐有声，炊烟渐上，飘摇柳外，掩映花间，水辔回环，时往而复，谓之行庖。”这样的船载着炊具、燃料、酒具等专做烹饪之用，跟在画舫后，当时也被称作“行庖”。

大部分“船菜”都是就地取材，常用湖鲜和时蔬。如远近闻名的苏州船菜，通常选用湖中盛产的白鱼、白虾、蟹、鳖等为原料，配以各种佐料，再用煎、炒、焖、炸等烹饪方式进行精细加工，味道十分鲜美。

图 43　游船上的菜肴
引自王仁湘著《味无味：餐桌上的历史风景》

44. 古人吃饺子吗？

图 44 阿斯塔纳唐墓中出土的饺子

北方人逢年过节都喜欢吃饺子，大年初一吃饺子，“破五”吃饺子，冬至也吃饺子。清代《天咫偶闻》还记载“旧例食水饺子五日”，过去北方过年讲究大年初一到初五连续吃5天饺子。俗话说“好吃不过饺子”，也说明了饺子的美味和人们对它的喜爱。那么，古时候人们吃得上饺子吗？

人们很早就开始吃饺子了，古人称饺子为牢丸、扁食、水煮饽饽、水包子、角儿、角子等，还曾将其算作馄饨的一种。北齐人说：“今之馄饨，形如偃月，天下通食也。”这种偃月馄饨其实就是饺子。考古也发现过饺子的踪迹，在新疆吐鲁番阿斯塔纳唐墓中就曾出土了饺子和一些面食点心的实物，因为新疆地区气候极度干燥，实物得以完整保存下来，饺子的形状和大小都与今天别无二致。

“饺子”这一名称是出现得比较晚的，明代时才开始如此称呼，并延续至今。《万历野获编》中将馄饨、饺子、烧卖做了明确区分：“细皮薄脆对多肉馄饨，椿树饺儿对桃花烧卖。”其中提到的当时北京名食“椿树饺儿”，大约是一种用椿树芽做馅的饺子。清代的《清稗类钞》中还说：“中有馅，或谓之粉角——而蒸食煎食皆可，以水煮之而有汤叫作水饺。”这时的饺子已经有蒸和煎2种做法了，水饺还被单列为一类。

45.《水浒传》里的“炊饼”是什么?

《水浒传》里有一个让人印象深刻的与饮食相关的场景，就是武大郎叫卖炊饼。电视剧里，炊饼常常做成现在我们吃的烧饼的样子，而实际上炊饼与烧饼的制作方法是完全不同的。那么，炊饼到底是什么呢?

可以明确的是，炊饼是面食的一种，因为在中国古代，基本所有面食都可以称为“饼”。汉代时比较常见的是“胡饼”，一般认为是制作时使用了胡麻（也

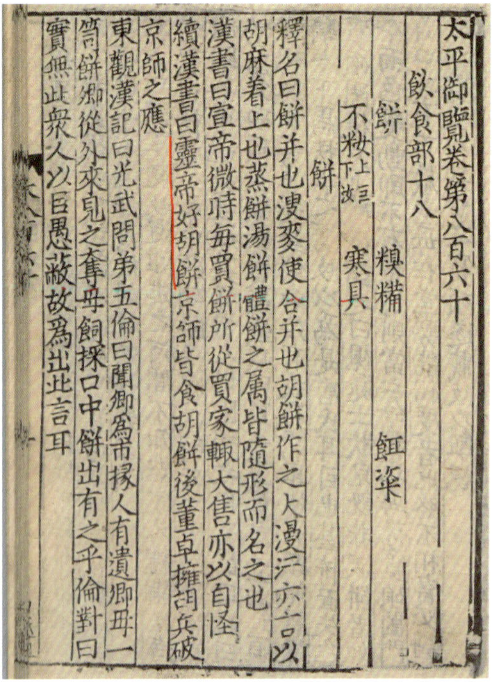
太平御覽卷第八百六十
飲食部十八
餅　糗糒　餌粢
不粃（上三下汝）　寒具
餅
釋名曰餅并也溲麥使合并也胡餅作之大漫沍亦言以胡麻着上也蒸餅湯餅髓餅之屬皆隨形而名之也
漢書曰宣帝微時每買餅所從買家輒大售亦以自怪
續漢書曰靈帝好胡餅京師皆食胡餅後董卓擁胡兵破京師之應
東觀漢記曰光武問第五倫曰聞卿爲市掾人有遺卿母一笥餅卿從外來見之奪母餉探口中餅出有之乎倫對曰實無此衆人以臣愚蔽故爲出此言耳

图 45-1 《太平御览》引《续汉书》中记载的胡饼

图 45-2 新疆阿斯塔纳唐墓出土的馕

就是芝麻），或是因其来自西域，所以得名。通常的做法是在面饼上撒上芝麻，再烤熟食用，非常类似我们今天吃的新疆烤馕或是小烧饼。《太平御览》引《续汉书》的记载说汉灵帝就非常喜欢吃胡饼。直到唐代，因为胡风的盛行，胡饼依然广受大众喜爱。新疆地区也有出土唐代的小饼实物，上面点缀许多芝麻，大概就是当时的胡饼。

而炊饼其实也不是宋代的新发明，至迟在秦汉时期就已经出现了。不过当时基本属于上层贵族的美食，直到大概唐宋时期才走入寻常百姓家。起初也并不叫炊饼，而是按其做法，称为蒸饼。主要制作流程就是把麦子磨成的面粉和面发酵成型后，上笼屉蒸熟，有点儿像我们现在吃的白面馒头。直到北宋初期，因为“仁宗庙讳祯，语讹近蒸”，即宋仁宗在位期间，因为“蒸”与他的名字赵祯的“祯”发音相似，为了避讳，就把“蒸饼”改名为“炊饼”了。

46. 宋代的食店是什么?

宋代是一个饮食业十分繁荣的时期，在各种宋代背景的电视剧中，我们经常可以看到北宋东京（今河南开封）、南宋临安（今浙江杭州）的街上店铺林立、十分繁华，其中就有不少食店。食店，顾名思义就是主要经营与饮食相关业务的店铺。其中规模最大的要数“分茶店”，也叫“分茶酒店”。孟元老在《东京梦华录》里记载：“大凡食店，大者谓之分茶。”虽然名字中有“茶”，但其实与茶无甚关系，是一种比较综合的食店，经营各种酒菜、面食。

规模上仅次于“分茶店”的是羊饭店、川饭店、南食店、素食店等。从名字上，我们可以很容易看出他们的主营特色，分别是经营北方菜肴、四川风味菜肴、江南地区风味菜肴以及专供素食者饮食的饭店。根据记载，当时的各种食店所供应的食品种类达到800多种，而烹饪方式也有二三十种，足以满足当时人们在吃上的各种要求。

这些食店大多营业时间极长，不光有正常时间营业的日市，还有早市，有些食店还经营“夜食”，通宵经营。许多食店装修精致、布置典雅，并悬挂名家字画，用来招徕食客。效果也十分显著，许多食

客慕名而来，只为一睹名画风采。各店还会在店外悬挂旗帜和彩灯来打广告，《清明上河图》中可见一斑。

除了食店，宋代还常见半固定或临时设置的饮食摊，还有不计其数的小贩挑担或推车来往于街巷中售卖各种饮食，品种十分丰富。这些都是宋代饮食业的重要组成部分。

图 46　北宋·张择端《清明上河图》中的食店

47. 宋代有点心吗?

“点心”这个词在唐代就有记载，但与现在的词义用法略有出入。当时有位夫人正在梳妆，而家人等待她一起吃饭，她便对自己的弟弟说：“尔且可点心。”（出自南宋吴曾《能改斋漫录·点心》）就是说让他先吃点儿东西垫垫肚子，并不是像现在这样作为名词使用的。而这种用来垫垫肚子又不是正餐的东西，大约魏晋南北朝时就存在了，一般统称为“小食”。

到了北宋时期，“点心”才像现在这样作为名词使用。记载北宋时期都城风物的《东京梦华录》中就提到，每天交五更时，一些酒店就开始点灯营业，贩卖“灌肺及炒肝”，还有“饭、粥、点心”。南宋时，许多文人、官员在与人交往时，还喜欢请人“吃点心”。周密的《癸辛杂识》中就有：“闻卿健啖，朕欲作小点心相请，如何？”那么，“点心”都是些什么呢？

《梦粱录》中提到的“市食点心”主要是指一些米粉、面粉制品，如馒头、包子、各式糕饼等，与我们现在吃的“点心”并不一样。唐宋时期，无论是包子、馄饨还是粽子，如今我们当作小吃或主食的，都算点心。宋人还“以早晨小食为点心”，而我们现在将早餐称为“早点”，可以算是一脉相承了。

图 47　新疆阿斯塔纳唐墓中出土的面食点心

48. 古人喜欢嗑瓜子吗？

嗑瓜子可以说是茶余饭后、闲来无事时许多人喜爱的一种消遣方式，不是为了吃饱，而是为了嘴里有点儿事做。瓜子也是春节桌上盘中不可缺少的摆放之物，西瓜子、葵花子、南瓜子都是广受喜爱的零食。那么，古人也和我们一样喜欢嗑瓜子吗？

早在北宋初年成书的《太平寰宇记》中就首次记载了“瓜子”。嗑瓜子这一习俗没有记载具体起源于何时，但在明清时期就已十分流行了，小说等文学作品中都常有提及。《红楼梦》中第八回就有“黛玉嗑着瓜子儿，只管抿着嘴儿笑”，还有第十九回、第六十六回中也有相关内容。《金瓶梅》《孽海花》等对嗑瓜子的习俗也有描述。但由于向日葵和南瓜都是原产于美洲的作物，哥伦布发现新大陆后大约在明末时才辗转传入中国，食用则更是许久以后的事了。南瓜子大约在晚清时开始流行，而葵花子则是在民国时期才开始流行的，因此西瓜子单独支撑了明代以来就开始流行的嗑瓜子习俗。

西瓜的起源问题争论已久，但最晚在五代时就

图 48-1　赤峰敖汉旗羊山 1 号辽墓壁画中的西瓜

已经推广种植了。到了元代，根据记载，已经有50余种西瓜品种，不光有食用瓜瓤为主的西瓜，一般“瓜形大，瓤味甜”，也有食用瓜子为主的西瓜，“果小，皮厚，瓤味淡，种子大”。这种瓜子西瓜在不同地区还被叫作打瓜、子瓜、籽瓜、瓜子瓜等。

最早是元代《王祯农书》中记载了西瓜子可以食用：“（西瓜）其子爆干取仁，用荐茶易得。”《本草纲目》中也记载：“（西瓜）其瓜子曝裂取仁，生食、炒熟俱佳。”宫廷中也有食用西瓜子的记载，刘若愚在《酌中志》中就提到了明神宗朱翊钧喜欢吃盐焗瓜子，“好用鲜西瓜种微加盐焙用之”。清初孔尚任在《节序同风录》中还有“炒瓜子装衣袖随路取嚼曰嗑牙儿”的记载，当时常见这般边走路边嗑瓜子的场景，说明这时嗑瓜子已然十分流行了。后来居上的葵花子和南瓜子最初也是作为西瓜子的替代品流行起来的。

图48-2 赤峰敖汉旗羊山1号辽墓壁画中的西瓜

49. 古人也吃爆米花吗?

现在人们出去看电影常会买上一桶爆米花，香气浓郁扑鼻，其诱惑确实让人难以抵挡，聚餐、聚会中也常见它的身影。其实爆米花不是什么新鲜事物，我们的老祖宗在宋代时就已经吃上了爆米花。

古代人们常称爆米花为“熬稃”“孛娄”。宋代做爆米花并不使用现在这种炉子，而是用锅炒制的，让谷物受热膨胀变大。由于原产美洲的玉米这时还没有传入中国，当时人们爆的主要是糯米、小麦等谷物。范成大的《上元纪吴下节物俳谐体三十二韵》诗曰：“捻粉团栾意，熬稃腷膊声。”后面自注“炒糯谷以卜，俗名孛娄，北人名糯米花”。其中提到的就是吴中地区上元节炒制爆米花的风俗，“孛娄”这个名字其实就是模拟爆谷时的响声。当时人们在新春来临之际用爆米花卜问一年运势，女孩子们还用它卜问自己的终身大事。《吴郡志》中记载：“上元……爆糯谷于釜中，名孛娄，亦曰米花。每人自爆，以卜一岁之休咎。”直到明清时期，依然有用爆米花卜算的风俗。明代《姑苏志》中记载：“又曰卜流，言卜流年也。”还有用它占卜收成的，花多则是大吉。清代《广群芳谱》中记载：“雨水节，烧干镬，以糯稻爆之，谓之孛

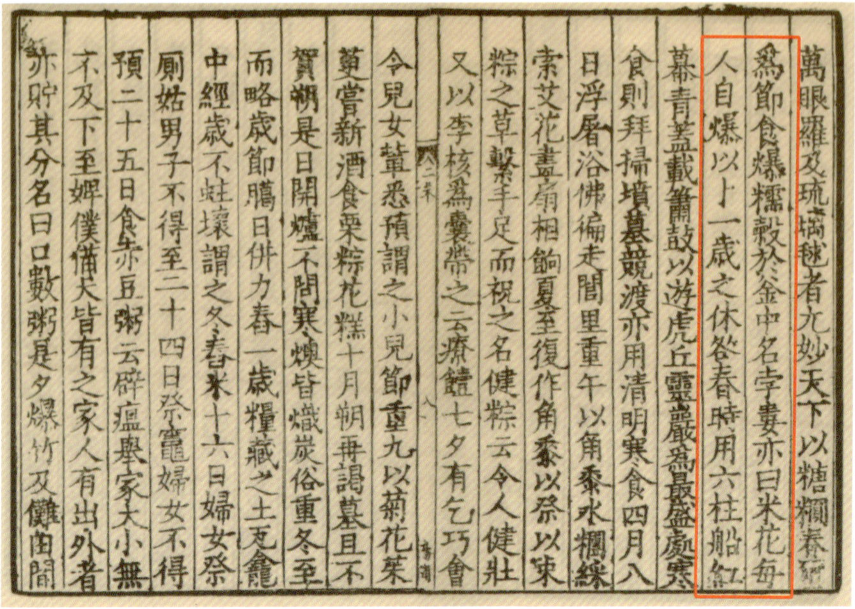
萬眼羅及琉璃毬者尤妙天下以糖䊏春繭
爲節食爆糯穀於釜中名孛婁亦曰米花每
人自爆以卜一歲之休咎春時用六柱船紅
幕青蓋載簫鼓以遊虎丘靈巖爲最盛處寒
食則拜掃墳墓競渡亦用清明寒食四月八
日浮屠浴佛徧走閭里重午以角黍水糰綵
索艾花畫扇相餉夏至復作角黍以祭以束
粽之草繫手足而祝之名健粽云令人健壯
又以李核爲囊帶之云療饑七夕有乞巧會
令兒女輩悉積謂之小兒節重九以菊花茱
萸嘗新酒食栗粽花糕十月朔再謁墓且不
賀朔是日開爐不問寒燠皆熾炭俗重冬至
而略歲節臘日併力舂一歲糧藏之土瓦𤮕
中經歲不蛀壞謂之冬舂米十六日婦女祭
厠姑男子不得至二十四日祭竈婦女不得
預二十五日食赤豆粥云辟瘟舉家大小無
不及下至婢僕備犬皆有之家人有出外者
亦貯其分名曰口數粥是夕爆竹及儺幽闇

图 49　南宋·范成大《吴郡志》中记载的“孛娄”

娄花，占稻色，自早禾至晚稻皆爆一握，各以器列，比并分数断高下，以番白多为胜，卜人口亦如之。”

明代时，玉米传入中国，虽然早期还没有广泛传播，种植也并不多，但已经有人将其做成爆米花。李时珍在《本草纲目》中提到玉米时说：“玉蜀黍种出西土，种者亦罕……久则苞拆子出，颗颗攒簇。子亦大如棕子，黄白色。可炸炒食之。炒拆白花，如炒拆糯谷之状。”虽然做法和工具不同，但做出的爆米花已经与现在的无大差异了。

50. 古人吃西红柿炒鸡蛋吗？

西红柿炒鸡蛋可以说是我们现在最常见的家常菜之一了，每家每户都会做，甚至还出现了放盐还是放糖的分歧，但是古代百姓其实是吃不上这道菜的。

现在的炒菜种类繁多，炒菜这一技法至今仍是中国所独有的，但炒制这一烹饪方法并不是自古就有的。关于炒制法出现的具体时间，争议是比较大的，有商代说、春秋战国说、汉代说和魏晋说等。但关于炒菜最早的文字记载是在南北朝

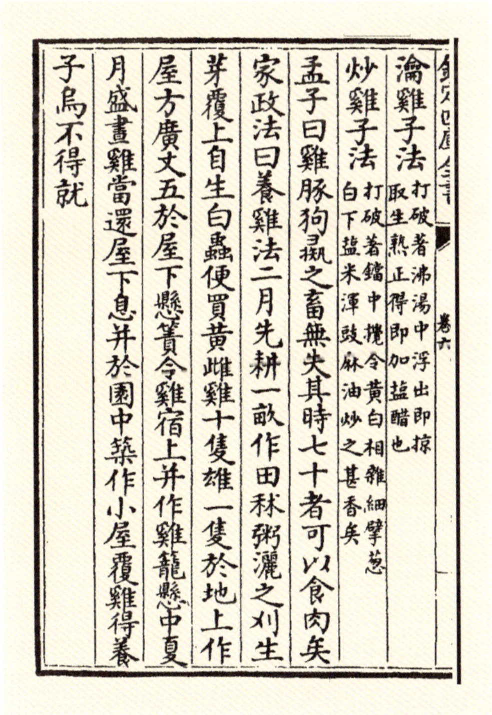
卷六
瀹雞子法 打破著沸湯中浮出即掠取生熟正得即加鹽醋也
炒雞子法 打破著鐺中攪令黃白相雜細擘葱白下鹽米渾豉麻油炒之甚香美
孟子曰雞豚狗彘之畜無失其時七十者可以食肉矣
家政法曰養雞法二月先耕一畝作田秫粥灑之刈生
茅覆上自生白蟲便買黃雌雞十隻雄一隻於地上作
屋方廣丈五於屋下懸簣令雞宿上并作雞籠懸中夏
月盛晝雞當還屋下息并於園中築作小屋覆雞得養
子烏不得就

图 50　北魏·贾思勰《齐民要术》中的“炒鸡子法”

时期贾思勰编著的《齐民要术》中，这本农业百科全书中记载了“炒鸡子法”：“（鸡子）打破，著铜铛中，搅令黄白相杂。细擘葱白，下盐米、浑豉，麻油炒之，甚香美。”可以看出，这和我们现在吃的炒鸡蛋几乎别无二致。唐宋时期的许多菜谱中也记载有炒菜，但许多还将其命名为“熬”。北宋时期开始出现了许多直接以“炒”来命名的菜品，《东京梦华录》和《梦粱录》中就提到炒兔、炒蛤蜊、炒蟹、炒鸡蕈等。明清时期，炒菜则更是频繁出现在各种饮食相关的记载中了。

西红柿是大约明代万历年间由欧洲传教士引进中国的外来物种，也叫番茄、蕃柿、西番柿、六月柿、洋柿子等。人们认为它长得像茄子或成熟的红柿子，又是西番传来的，所以对它的命名多与此相关。1621年，王象晋编撰的《群芳谱》中介绍了它的样子：“蕃柿一名六月柿子。茎似蒿，高四五尺，叶似艾，花似榴……来自西番，故名。”早期西红柿和辣椒一样，也是作为观赏植物的，大约到清代晚期，也就是19世纪中后期，人们才开始食用。而一直到20世纪初，上海等大城市才开始大面积种植西红柿，全国大规模食用西红柿更是20世纪50年代以后的事儿了。所以西红柿炒鸡蛋的出现若是按人们食用西红柿的历史来算，最多也才百年左右，古人自然是吃不到的。

51. 清代有哪些素食?

图 51-1　清末民初・薛宝辰《素食说略》

中国人素食的历史是十分悠久的，早在先秦时期就已经形成了一个以下层百姓为主的准素食群体，且长期存在于历朝历代。这些人们吃素大多是被迫的，是经济原因，或是自然灾害、战乱导致的，“饥俭，人皆蔬食”。

到了清代，素食得到了较快的发展，民间、寺院、宫廷等都出现了很多素食品种。清末民初时还出现了《素食说略》一类的素食专著，收录素菜上百种。许多笔记书籍中也有素食的记载：《随园食单》

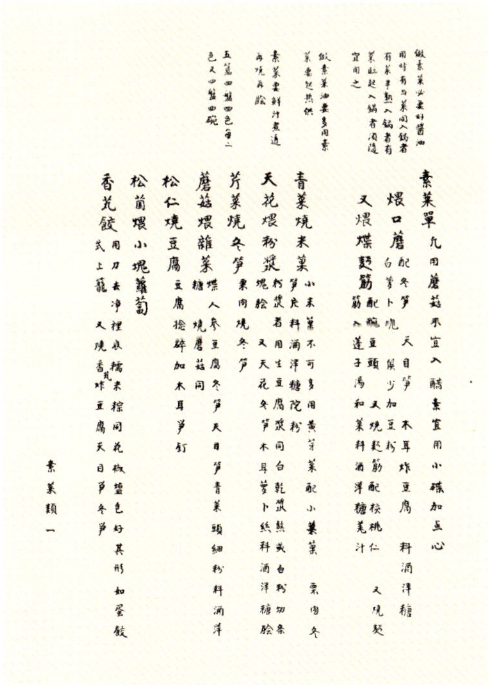
做素菜少要好醬油用時有一菜同入鍋者有菜半熟入鍋者有菜熟起入鍋者須隨宜用之
做素菜油要多用素菜要趁熱供
素菜要鮮汁煮透再燒再膾
五簋四盤四色每二色又四盤四碗

素菜單 凡用蘑菇不宜入醋素宜用小碟加点心
煨口蘑 配冬笋白萝卜塊 天目笋俱少加豆粉 木耳炸豆腐料酒洋糖
又煨爊麩筋 麩筋配碗豆頭蓮子湯和菜料酒洋糖薑汁 又燒麩筋配核桃仁 又燒麩
青菜燒米菜 小米菜不可多用黃芽菜配小菜菜 笋皮料酒洋糖陀粉 栗肉冬
天花煨粉漿 粉漿者用生豆腐漿同白乾漿熬成白粉切條塊膾 又天花冬笋木耳萝卜丝料酒洋糖膾
芹菜燒冬笋 栗肉燒冬笋
蘑菇煨雜菜 爊人參豆腐冬笋天目笋青菜頭細粉料酒洋糖 燒蘑菇同
松仁燒豆腐 豆腐搗碎加木耳笋釘
松菌煨小塊蘿蔔
香苋餃 用刀去淨裡衣糯米粽同花椒鹽包好其形如蛋餃式上籠 又燒香苋炸豆腐天目笋冬笋
素菜類一

图 51-2　清・《调鼎集》中的素菜单

中专门列出“杂素菜单”，记载了47种素菜；《调鼎集》中列有“蔬菜部”“素菜单”，记载了百种素菜；《清稗类钞》中还有花、果素馔的相关内容。

这一时期的民间素食主要是有某种宗教信俗的人，或是出于某种原因而实行斋戒的人所食。清代袁景润在《吴郡岁华纪丽》中就提到“六月素斋”，是苏州地区的人因为夏季天气炎热，为了防中暑而戒除荤腥，男女老少清斋素食。其实不止是苏州，南方地区湿热多雨，许多地方也有六月食素的习惯。民间的素食水平由此不断提高，品种也多了起来。

寺庙、道观的素食在这一时期也有许多令当时人赞不绝口的菜色。《清稗类钞》中记载：“寺庙庵观素馔之著称于时者，京师为法源寺，镇江为定慧寺，上海为白云观，杭州为烟霞洞。”这些素食不光制作精美，还非常可口，并被赞曰“胜鹿脯、熊掌万万矣”。

宫廷素食也是清代的素食品类之一。御膳房中一般设有专门的小厨房，称为“素局”，制作素菜、素点，供皇帝和后妃们想清淡饮食、换换口味或斋戒时食用，也供给进宫诵经的僧道，或用于供奉。乾隆二十八年（1763）的膳单中就有“皇后用供一桌，素菜十三品：面卷果三品、面筋三品、卷签二品、山药糕三品、豆腐干二品”的相关记载。

除了以上这些，还有为了满足顾客需求而开设的素菜馆。其实宋代时便出现了素菜馆，清代则更为普遍，北京、天津、扬州、南京等大城市都有不少。为了招徕生意，素菜馆的厨师们还采用“以荤托素”的烹饪技法，就是用豆制品等素菜原料，仿制荤菜的口感、味道和外观，充分展示了当时素菜制作的高超技艺。

52. 元代有哪些特色饮料?

图 52-1　青釉高足杯

饮料在中国古代饮食中占有重要地位，种类也是多种多样。两宋时期，人们已经可以喝到甘草凉雪、凉水荔枝膏、甘豆汤、豆儿水、沉香水、紫苏饮、姜蜜水等冷饮了。元代时，饮料品种进一步丰富，除了常见的茶和酒类饮品，还有一些人工饮料，主要分为：汤水、熟水、渴水、浆水和动植物性天然饮料。

汤水并不是餐桌上的肉汤、菜汤，而是类似今天的粉末冲剂饮品。元代无名氏撰写的《居家必用事类全集》中就记载了许多，如“香橙汤”，是用大橙子、檀香末、生姜、甘草末、白檀末等经一定工艺制作成饼子后焙干，再碾成细末，待饮用时“加盐，沸汤点服”。类似的还有“干木瓜汤”“枣姜汤”“茴香汤”等。另外还有一种汤水饮料，是将原料熬制作成膏子用水冲服，如用五美、砂糖、桂末、丁香、生姜等制成的“荔枝汤”，干枣、紫苏叶、木瓜制成的“香苏汤”等。

熟水是花草茶一类饮料，将香料或花草植物原料放入沸水中冲泡后制成，大多热饮。它的制作方式简单，原料比较单一且价廉易得。如“紫苏熟水”，“紫苏叶，不计多少，须用纸隔焙之，不得翻，候香先泡一次，急倾了，再泡，留之食用，大能分气。只宜热用，冷伤人”。还有“豆蔻熟水”，“白豆蔻拣净，投入沸汤瓶中，密封片时，用之极妙，每次用七个足矣，不可多用，多则香浊”。

图 52-2　山西阳泉元墓壁画中的宴饮图

渴水一般是苹果、杨梅、木瓜、葡萄等水果榨汁制作的，也有用如桂花、丁香、檀香等香料加糖熬制的渴水，如“五味渴水”“葡萄渴水”“香糖渴水”等。饮用渴水一般冷热均可，但“夏月冰水内沉用之，极香美”，夏天时冷饮格外好喝。

浆水一般是把砂糖、蜜、淀粉等放入水中，发酵后，以产生乳酸味的水为主要原料制成的饮料。有通过富含丰富淀粉的食物自然发酵，如用“熟炊粟饭”热时倒入冷水缸中浸泡五到七日的“浆水法”；也有人工加入曲发酵，如用官桂、赤茯苓、细曲、大麦、杏仁、生蜜发酵制做浆水饮料的“桂浆法”。

除了这些人工饮料，还有动植物性天然饮料。动物性饮料一般是动物的乳汁制作的，如马乳、羊乳、牛乳、鹿乳，在元代都十分盛行。植物饮料则更为简单，一般是取树的汁液或生榨果汁。如“树奶子”就是桦树汁，据说是由外域引进的天然饮料。元人认为“其味辛稠可爱”且“覆盖于土中，经久不坏”。

53. 古代有西餐吗?

西餐看起来似乎是现代才有的新鲜玩意儿，其实传入中国已有100多年了。早在康熙初年，一些传教士就根据《西方问答》编成《西方要记》，供皇帝御览。书中介绍了各种西方事物，也提到一些饮食风俗：“荤菜等味皆用火食，鸡鸭诸禽既炙……不用箸，只用丫勺、小刀，以便剖取。”

西餐传入中国大约不晚于光绪年间。《清稗类钞》中介绍西餐时道：“国人食西式之饭，曰西餐，一曰大餐，一曰番菜，一曰大菜。席具刀、叉、瓢三事，不设箸。光绪朝，都会商埠已有之。至宣统时，尤为盛行。”可以看出，清末时，吃西餐已经逐渐成为社会风尚了。

上海、北京、天津、青岛、成都等地

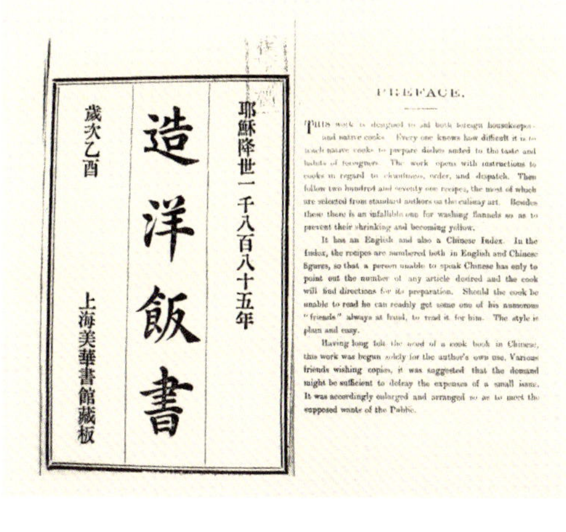

耶穌降世一千八百八十五年

造洋飯書

歲次乙酉

上海美華書館藏板

PREFACE.

THIS work is designed to aid both foreign housekeepers and native cooks. Every one knows how difficult it is to teach native cooks to prepare dishes suited to the taste and habits of foreigners. The work opens with instructions to cooks in regard to cleanliness, order, and dispatch. Then follow two hundred and seventy one recipes, the most of which are selected from standard authors on the culinary art. Besides these there is an infallible one for washing flannels so as to prevent their shrinking and becoming yellow.

It has an English and also a Chinese Index. In the Index, the recipes are numbered both in English and Chinese figures, so that a person unable to speak Chinese has only to point out the number of any article desired and the cook will find directions for its preparation. Should the cook be unable to read he can readily get some one of his numerous "friends" always at hand, to read it for him. The style is plain and easy.

Having long felt the need of a cook book in Chinese, this work was begun solely for the author's own use. Various friends wishing copies, it was suggested that the demand might be sufficient to defray the expenses of a small issue. It was accordingly enlarged and arranged so as to meet the supposed wants of the Public.

图 53-1　《造洋饭书》书影

图 53-2 民国时期的六国饭店

当时都开设有许多西餐馆。如光绪九年（1883）时，上海比较有名的西餐馆就有杏花楼、同春楼、一品香、一家春等，有钱人家喜欢去品尝“英法大菜”，价格不菲。北京的六国饭店也是比较早开设的西餐馆，就开在御河桥边，“层楼摩天，已极宏丽”，非常气派。《京华慷慨竹枝词》中说六国饭店“外朋座上无多少，红顶花翎日日来”，可见当时的许多政府官员是其常客，这也讽刺了清廷的腐败。

同治五年（1866）时还出版了一本洋人用中文撰写的《造洋饭书》。其中不仅记载了英国菜，还有法国菜、意大利菜、德国菜等的烹饪方法，所载菜品有百种以上，对当时中西菜肴交流产生了极大的推动作用。

茶酒饮料

54. 是谁发现了茶？

历史上最早谈到茶之起源的是陆羽的《茶经》："茶之为饮，发乎神农氏。"他认为神农氏是中国茶最早的发现者。神农尝百草的故事在中国古代广为流传，传说他发现了"五谷"，还发现了包括茶在内的各种能治疗人类疾病的草药，被认为是农学和医学的先驱。成书于汉代的《神农本草经》中记载"神农尝百草，日遇七十二毒，得荼而解之"，"荼"就是"茶"的古称。这种观点也被历代文人学士沿袭下来。

图 54-1　神农像　《三才图会》

我国古代野生大茶树遍及南方诸省，特别是四川、云南、贵州，多有发现。

考古发现的世界最早的茶叶遗存是在山东济宁邹城市邾国故城遗址西岗墓地一

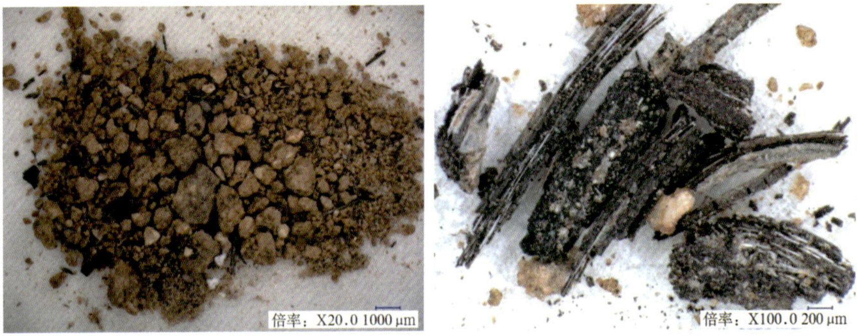

图 54-2　山东济宁邹城市邾国故城遗址出土的茶叶遗存

号战国墓随葬的原始瓷碗中，出土的茶叶样品为煮（泡）过的茶叶残渣，这一实物证据将世界茶文化起源的时间提前了至少300年。

从原始野生大茶树到过渡型茶树，再到人工栽培茶树，茶树的演变是一个漫长的过程。中国最早的一部地方志《华阳国志》中记载，距今3000年前的西周时，古巴蜀国已有茶树种植，并将茶叶作为地方物产进贡给当时的天子周武王。汉代时，茶在流通中开始成为商品，“茶”字也已有特指饮品茶的意思了。西汉时，王褒在《僮约》中已有“烹茶尽具”“武阳买茶”的记载。到了三国时，长江下游一代“争以茗饮相尚”，茶一度成为一种奢侈饮品，富贵之家也只是来了贵客时才端茶接待。晋时，南方普遍种植茶树，饮茶之风逐渐普及。

图 54-3　山东济宁邹城市邾国故城遗址出土的茶叶遗存

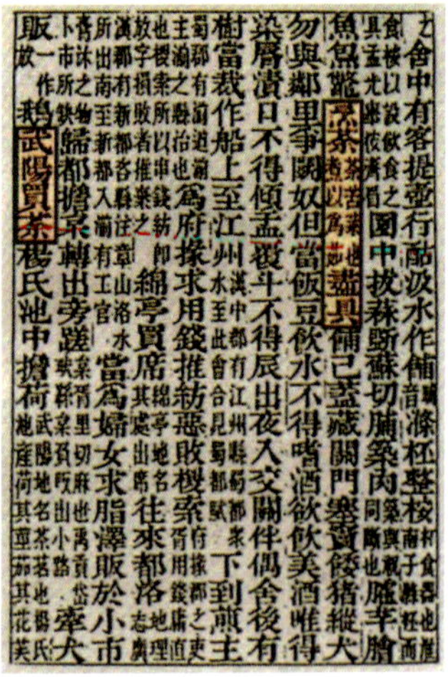

图 54-4　西汉 · 《僮约》（局部）

55. 唐代是如何制茶和饮茶的?

茶的制法，在中唐以前都比较简单，饮茶就像喝菜汤一样，此法称为羹饮法。《晋书》记载："吴人采茶煮之，名茗粥。"《尔雅》中记载："可煮作羹饮。"

中唐以后，在陆羽等茶人的倡导下，制茶日益讲究。唐代的茶以饼茶为主，可大致分为采、蒸、捣、拍、焙、穿、封 7 个步骤。具体做法是：采摘新鲜的茶叶，先放入甑釜中蒸，然后把蒸过的茶叶用杵臼捣烂，再把它拍（压）制成团饼，以炭火焙干以后，用剖开的竹子或搓成绳的树皮穿起来封存。

唐代人还讲究"煮茶"或"煎茶"，先把茶饼放在火上炙烤片刻，后放入茶臼或茶碾中碾成茶末，倒入茶箩筛选，符合标准的茶末放在茶盒中备用。另外还要准备好风炉烧水，茶釜中放入适量的水，煮水至初沸（釜中之气泡大小如蟹眼）时，按照水量放入适量的盐。到第二沸（釜中之气泡大小如鱼眼）时，用勺子舀出一勺水备用，釜中投放

采

蒸

捣

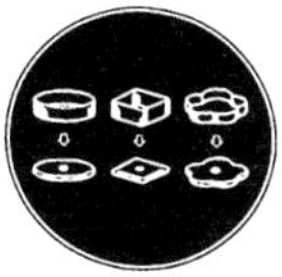
拍

焙

穿

封

图 55-1　唐代制茶流程

适量的茶末。等到第三沸（观之如腾波鼓浪）时，把刚舀出备用的水重倒入茶釜，使水不再沸腾。这时茶便煮好了，准备好茶碗，把煮好的茶用勺子添入茶碗。

唐代饮茶，还喜欢在茶里添加佐料，“尚杂以苏椒之类”，“盐损添常诫，姜宜著更夸”，最常见的是加盐和苏椒，此外还有加姜、盐、酪等，少数民族还有添入桂料的。

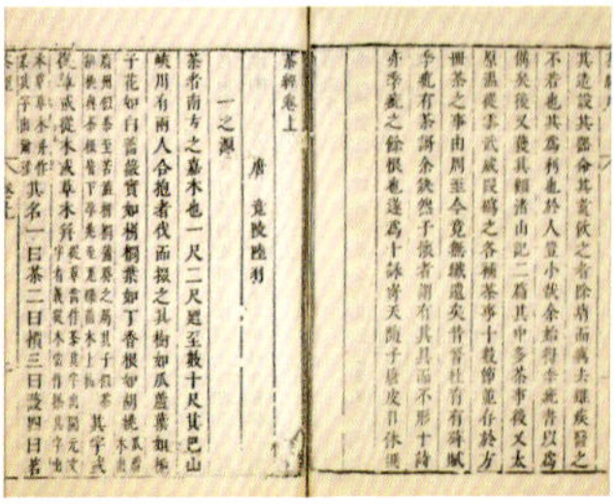
其造設其器命其喜飲之者除痟而癘去雖疾醫之
不若也其爲利也於人豈小救哉余始得季疵書以爲
備矣後又獲其鈿渚山記二篇其中多茶事後又太
原温從事武威段礪之各補茶事十數節並存於方
冊茶之事由周至今竟無纖遺矣昔晉杜育有荈賦
季疵有茶歌余缺然于懷者謂有其具而不形于詩
亦季疵之餘恨也遂爲十詠寄天隨子

茶經卷上
唐 竟陵陸羽
一之源
茶者南方之嘉木也一尺二尺迺至數十尺其巴山
峽川有兩人合抱者伐而掇之其樹如瓜蘆葉如梔
子花如白薔薇實如栟櫚蒂如丁香根如胡桃
其字或從草或從木或草木并
其名一曰茶二曰檟三曰蔎四曰茗

图 55-2　唐 · 陆羽　《茶经》（局部）

图 55-3　五代 · 白瓷茶具及陆羽像，中国国家博物馆藏

56. 宋代的点茶和斗茶是怎样的?

宋代时，茶文化得到了极大的发展，并开始不局限于上层社会和文人雅士，在民间快速普及开来，因此常有“茶兴于唐，盛于宋”的说法。

宋代人的生活一向以精致著称，饮茶也不例外，这时的饮茶方式被称为点茶法。点茶法在唐代晚期就已经出现了，而到了宋代更是成为流行风尚。点茶是将磨成粉末的茶叶放入茶盏中，注入少量的沸水

图 56-1　南宋·刘松年《撵茶图》(局部)，台北故宫博物院藏

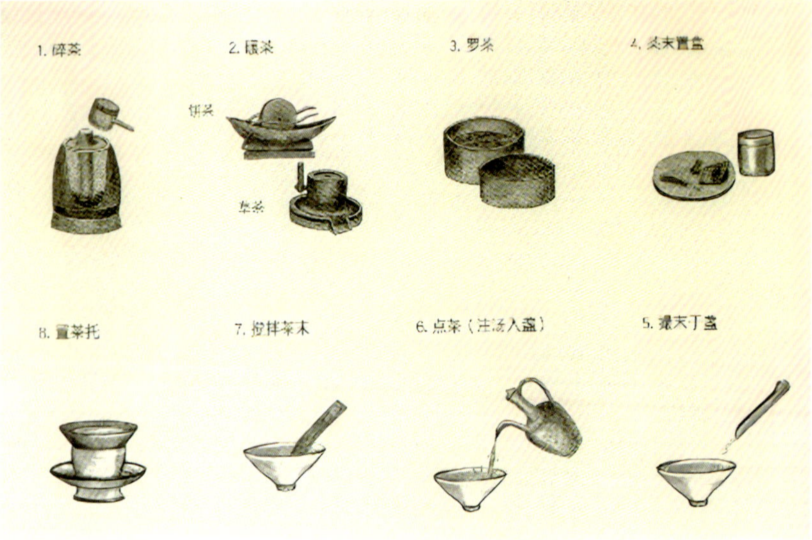

图 56-2　点茶步骤图
引自廖宝秀《历代茶器与茶事》

调和，再多次注水用茶筅击拂搅拌，使之形成白色的茶沫浮于表面。宋徽宗爱好饮茶，且点茶技术十分高超。他所著的《大观茶论》中还提出了“七汤点茶法”，便是经过 7 次注水击拂而成的，且每次注水和击拂的手法都有区别。他点的茶“白乳浮盏面，如疏星淡月”。

斗茶也是宋代饮茶的一大特色，可以算是点茶的衍生品。斗茶就是两个人分别点茶后，评判胜负。评判标准一是看茶面汤花的色泽和均匀程度，色泽以纯白为最佳，其次是青白、灰白、黄白；二是看盏内沿和茶汤相接处有没有水痕，汤花紧贴盏沿不散退称为“咬盏”，而汤花散退早、先出现水痕的人就输了。宋代茶色尚白，而建州窑所出的茶盏釉面绀黑如漆，更容易凸显茶色，且久热难冷，因而建盏深受当时文人雅士追捧。

57. 宋代是如何制茶的?

宋代制茶技术发展很快，皇室饮茶之风极盛，宋徽宗还亲自撰写了《大观茶论》讨论制茶、饮茶。北宋年间做成团片状的龙凤团茶最为贵重。欧阳修说：“茶之品莫贵于龙凤，谓之团茶。”宋徽宗也说；“龙团凤饼，名冠天下。”

龙凤团茶的工序有 6 道：蒸茶、榨茶、研茶、造茶、过黄、烘茶。茶芽采回后，先浸泡水中，挑选匀整芽叶蒸青，后用冷水清洗，然后小榨去水，大榨去茶汁；后置瓦盆内研细，再入龙凤模压饼、烘干。虽大小不一，但表面都饰有龙凤纹饰，且进贡的各种团茶都有吉祥的茶名，如万寿龙芽、瑞云翔龙、太平嘉瑞等。宋代时，福建地区已经成为团饼茶的制作中心，因为当时产地凤凰山一带被叫作“北苑”，所以产出的茶也称“北苑茶”。龙凤团茶十分珍贵，如果得到皇帝赐茶，便是无上恩宠了。

北宋时，茶多添加香料增香，龙凤团茶也是如此。但宋徽宗认为“茶有真香，非龙麝可拟”，开始主张本色香味。南宋时，这种主张转为以天然花香入茶，有文记载“木樨、茉莉、玫瑰、蔷薇、兰蕙、橘花、栀子、木香、梅花，皆可做茶”。

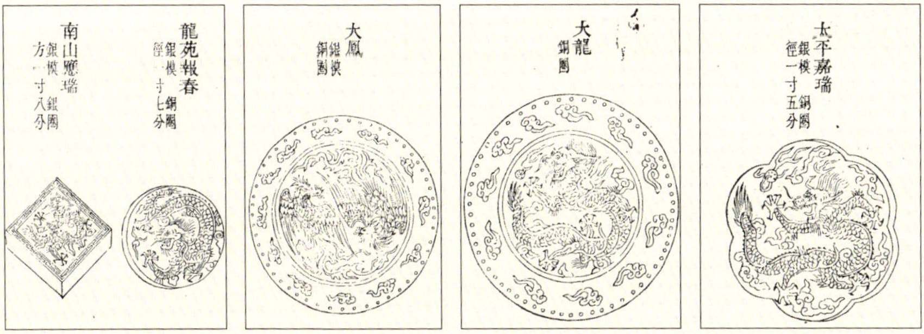

图 57　宋・熊番《宣和北苑贡茶录》中的贡茶纹饰

58. 明清时期是如何制茶和饮茶的?

明洪武二十四年（1391），明太祖朱元璋因觉得劳民伤财而下诏废止了贡茶的团茶，而改为饮散茶。人们的饮茶方式随之改变，变成了直接用沸水冲泡散茶的瀹饮法，一直延续至今。明代人认为瀹饮法“简便异常，天趣悉备，可谓尽茶之真味矣”，可以算是“开千古茗饮之宗”。这一时期茶学研究十分鼎盛，还出现了大量茶书著作，有50多部，如《茶谱》《茶解》《茶录》《茶疏》等。

图 58-1　清·佚名《柳荫斗茶图》，美国弗利尔美术馆藏

图 58-2　蒸青绿茶

图 58-3　炒青绿茶

明清时期制茶最初是蒸青散茶，用蒸的方式去除茶中青涩之味，蒸后直接焙干，不仅比唐宋制法更为省时省力，也能更好地保存茶叶的天然香味。但后来蒸青被炒青所替代，蒸改为炒，更能凸显茶香。许次纾在《茶疏》中说炒青的茶叶“色香俱全，尤蕴真味”。

明代时还出现了红茶，到了清中后期红茶已经得到了迅速发展。此外，清代茶叶种类不断丰富，还出现了白茶和乌龙茶，又有轻发酵茶、半发酵茶、全发酵茶、后发酵茶之分，这为中国后来的茶叶发展奠定了良好的基础。

59. 红茶是如何在英国流行开来的?

英国的科学技术史专家李约瑟曾说，茶是中国继四大发明之后对世界的第五大贡献。我们知道，英国人也十分喜爱饮茶，尤其是红茶。那么，红茶是如何在英国流行开来的呢?

欧洲有关茶叶的记载始于1559年。随着大航海时代的到来，亚欧大陆交往愈发频繁，最初接触到茶叶的欧洲国家是荷兰和葡萄牙。在明正德年间，葡萄牙与中国进行了茶叶贸易，茶叶在16世纪末由荷兰传到了英国等其他欧洲国家，之后英国也通过本国货运公司引入茶叶。茶叶起先贩卖于咖啡厅，后来转移到新的场所：茶店和公园。最初，茶在英国的传播速度很慢，一是由于税务繁重，茶叶在英国价格十分昂贵；二是人们对饮茶持怀疑态度，很长一段时间里，茶只在上层社会流行。

1662年，葡萄牙的凯瑟琳公主嫁到英国，由于她十分喜爱饮茶，她的嫁妆中就包括221磅（100.24千克）红茶。在她的推动下，贵族名媛纷纷效仿，饮茶越发流行，也逐渐出现在普通人的日常生活中。18世纪初，英国茶叶消费总量已是欧洲其他国家的3倍。

1689年，英国开始直接从中国购买茶叶，且数量直线增加。由于中英贸易的不平衡，英国人在进口茶叶的同时开始寻找替代

图 59　19 世纪英国画家雅姆·蒂索油画中的饮茶场景

办法，一是用鸦片战争来平衡中英贸易，二是试图引种茶树。18世纪80年代，英国人开始在印度种植茶树，试验的成功和越来越便利的交通促使茶叶更多、更快地运往英国，慢慢成为他们的日常消费品。

茶叶需由海运从中国到达英国。绿茶属未发酵茶，长时间运输使其难以保存，而红茶已经发酵，能在长时间内保持其品质。同时，英国的气候潮湿阴冷，而红茶性暖温和，所以英国人热衷饮红茶。他们更是融合了本土饮食习惯，在喝茶的时候加入牛奶和糖，逐渐形成了独特的下午茶文化。迄今为止，英国已是全球人均茶消费量最高的国家。

中国人的饮茶习惯以清饮为主，即只用水冲泡，不夹杂其他成分。英国茶文化则推崇混饮，即在茶水中添加糖、牛奶、菊花、柠檬等改变茶的口感，如伯爵茶就是红茶添加佛手柑的产物，现已成为独具英国个性的茶饮。

60. 什么是“饮子”？

唐宋时期，“饮子”非常流行，它是一种特制的饮料。最初，“饮子”都是指治病用的汤药一类。杜甫诗中就写道：“省郎忧病士，书信有柴胡。饮子频通汗，怀君想报珠……”可以看出，这个“饮子”是一种柴胡做的汤药，有些发汗的效果。后来饮子逐渐发展为带有一些药用效果的饮品，有点儿类似如今的保健饮品。《玉堂闲话》中记载，唐代时长安西市就有饮子店，生意十分兴隆。

北宋时期，“饮子”依然十分流行，且比唐代更为普遍。宋代城市中有许多专门的饮子店铺，门前挂有“香饮子”“暑饮子”等招牌。这时还创新出更多的饮子品种，仅《武林旧事》中记载的，南宋临安城街头上摆卖的饮子就有“甘豆汤、椰子酒、豆水儿、鹿梨浆、卤梅水、姜蜜水、木瓜汁、茶水、沉香水、荔枝膏水、苦水、金橘团、雪泡缩脾饮、梅花酒、香薷饮、五苓大顺散、紫苏饮”。其中的“紫苏饮”可以算是诸多饮子中的佼佼者，喜爱者众，北宋仁宗皇帝也对它赞誉有加。《广群芳谱》中记载：“仁宗敕翰林定熟水，以紫苏为上，沉香次之，麦门冬又次之。”意思是说宋仁宗曾让翰林院给“饮子”评个高下，紫苏饮位列第一，而沉香饮和麦门冬饮也是名列前茅的饮子类型。

图 60　北宋 · 张择端《清明上河图》中的饮子摊

61. 酒起源于何时?

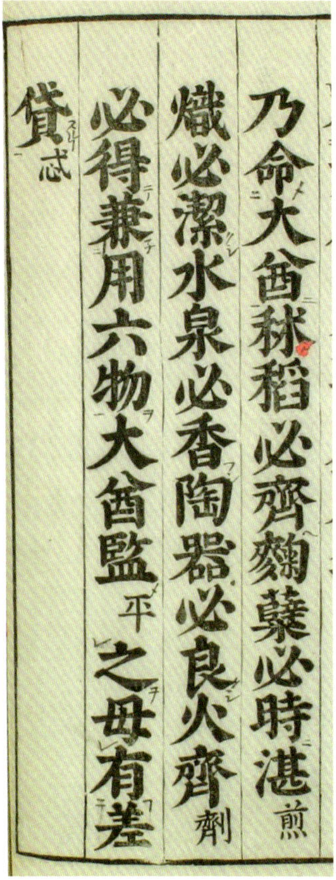
乃命大酋秫稻必齊麴蘖必時湛
熾必潔水泉必香陶器必良火齊
必得兼用六物大酋監之毋有差
貸

图 61-1 《礼记 · 月令第六》中记载的“六必”

关于酒的起源，有许多传说，有仪狄、杜康造酒说，也有猿猴造酒说。晋代《酒诰》中认为：“酒之所兴，肇自上皇；或云仪狄，一曰杜康。有饭不尽，委余空桑；郁积成味，久蓄气芳；本出于此，不由奇方。”该书认为酒不是仪狄、杜康发明的，而是人们吃剩的饭放久了自然发酵散发出酒香，人们由此掌握了酒的酿造方法。这大约是比较科学的说法了，谷物酿造也是中国酿酒的开端。

中国谷物酿酒的历史，可以追溯到距今6000年左右的新石器时代中晚期。当时因为种植工具的改变，粮食出现了大量剩余，人们才开始有了规模酿酒的基础条件。西汉时刘向就在《淮南子》中记载：“清醠之美，始于耒耜。”

而后，古人还开始将“蘖”（也就是谷芽），用于酿酒。它含有丰富的淀粉酶，将麦芽和谷物一起浸泡，可以使淀粉糖化、酒化，再经过过滤，就可以得到一种酒精度数很低的甜酒，称为“醴酒”。在蒸煮谷物的过程中，人们还培养出能产生酶的曲酶，也就是“曲”。《尚书 · 说命》中提到的“若作酒醴，尔惟曲蘖”就是对这时酿酒技术的描述。

《礼记 · 月令第六》中记载，周王室

图 61-2　东汉·酿酒画像砖，四川博物院藏

还有专门的酿酒机构和管理人员。当时的酿造技艺被后世称为“古六法”或“六必”，大致要求如下：要选取优质的成熟谷物，不能有杂质；制曲要在温度和湿度合适的时间进行；原料浸泡、蒸煮等环节都要干净；酿酒的水质一定要纯正；器具要完好，使用无渗透现象的高品质容器酿造；火候要适当。按这样6条准则酿造出的酒大多品质上乘，这也反映了先秦时期酿酒的最高水平。

62. 唐宋时期人们的酒量如何?

中国人自古就以酒量好为荣，唐诗宋词中都常有对酒量的描写，那么，唐宋时期的人们到底酒量如何呢？

酒量的大小和酒的度数关系密切。唐代时不光胡风盛行，还饮酒成风，大碗喝酒往往体现出人的豪迈和大气。杜甫就曾写道："速宜相就饮一斗，恰有三百青铜钱。"李白《行路难》中也写道："金樽清酒斗十千，玉盘珍羞直万钱。"斗酒是古代常用的容量单位，汉代时就形成了"五量"，《汉书·律历志》记载："量者，龠、合、斗、斛也……合龠为合，十合为升，十升为斗，十斗为斛。"这个时候的一斗相当于2000毫升，大约就是3瓶啤酒。而古代度量衡并不统一，唐代的斗已经比汉代大许多了，这时的一斗大约是今天的6000毫

图 62-1　唐·佚名《宫乐图》(局部)，台北故宫博物院藏

图 62-2　北宋·(传)李公麟《饮酒图》(局部)

升，这时说人酒量也常称“斗量”。唐人饮用的大多还是谷物酿造的低度数米酒和西域传来的葡萄酒，度数为3到5度，接近现在的啤酒。这么看来，李白的酒量放在今天相当于10瓶啤酒左右。

宋代时，人们饮酒大多是比较有节制的，极少有人暴饮。宋代酿酒技术较之前有了很大提高，酿造出发酵酒的酒精含量更高了，人们饮酒量较前代明显减少。汉代时，人们饮酒按“石”，唐代大多按“斗”，宋代则是按“升”计。宋代的1升大约就是现在的1斤，优质的酒度数应当不超过10度，品质差的则度数更低，所以当时有点儿酒量的人一般能喝3升。许多诗词对此都有提及，如刘克庄的《后赤壁图》诗中：“共餐鲈一箸，各饮酒三升。”僧人释从瑾诗中写道：“此地无金二两，俗人酤酒三升。”可见3升是比较常见的酒量。

宋代也有酒量极高的人，能喝一斗酒。龚明之就曾在《中吴纪闻》中提及苏舜钦的酒量，说他“饮酒无算”，“以一斗为率”。而苏轼则相反，他“望见酒盏而醉”，饮酒“能三蕉叶矣”，小时候一喝酒就醉了，成年后用浅浅的酒杯也只能喝3杯，应当属于酒量很差的人了。

图 63-1　西汉·错金银镶嵌铜骰，河北博物院藏

63. 唐代有哪些酒令游戏?

酒令是唐代时人们发明的娱乐形式，主要用于饮酒中助兴。《唐语林·卷八》载："酒令之设，本骰子、卷白波、律令，自后闻以鞍马、香球，或调笑抛打时，上酒招摇之号……又有旗幡令、闪令、抛打令。"白居易解释说："骰盘、卷白波、莫走、鞍马，皆当时酒令。"各个阶层，无论是文人雅士，还是贩夫走卒，都能选择适合自己的酒令游戏。

骰盘是用骰子和盘组成的行令器具，也叫"头盘""投盘"。唐代的骰子一般是多面的，各个面刻有不同图案，称为"采"。游戏时，把骰子投到盘中，等到滚动停止时，根据顶面上的图案定输赢或饮酒多少。李白诗中的"连呼五白行六博，分曹赌酒酣驰晖"和白居易的"笑掷骰盘呼大彩"，说的都是这种骰盘游戏。

酒令筹也是唐代人发明的一种酒令器具，一般是长条签子，上面刻有和饮酒有关的语句，通常为一组多枚，装在专用的桶内。游戏时抽取一枚，根据上面的字句决定如何饮酒。镇江丁卯桥就曾出土过一套龟负论语玉烛酒筹鎏金银桶，包括50支酒令筹，上面刻有如"克己复礼，天下归仁焉，在座劝十分""君子居之，何陋之有，自饮七分""朋友数斯疏矣，劝主人五分”等语句，总共包括“自饮”“伴饮”“处（罚）”“放（皆不饮）”“指定人饮”等5种情况，而3分是小半杯，5分是半杯，7分是大半杯，10分是一满杯，最多是40分。常见的酒令筹除了草杆制成的，还有用各种珍贵材料制成的，“歌舞送飞球，金觥碧玉筹”“稍催朱蜡炬，徐动碧牙筹”说的分别是美玉和象牙制成的酒令筹。

“酒胡子”也是唐代时常用的酒令器物，它是一种类似不倒翁的木刻胡人，可以随身携带。饮酒游戏时，使其旋转，停下时手指所指向的人来饮酒。许多诗词中对此都有提及，《全唐诗》中收录徐夤《酒胡子》：“红筵丝竹合，用尔作欢娱。直指宁偏党，无私绝觊觎。当歌谁擐袖，应节渐轻躯。恰与真相似，毡裘满颔须。”生动地描绘了酒胡子的形象。

唐代还流行使用“香球”开展饮酒游戏。香球是一种小型绣球，在宴席上轮番传递，以击掌为信号，球落在谁手里就由谁饮酒。这种游戏也被称为“抛球”“闪球”“飞球”，非常类似现代的击鼓传花。还有类似的使用酒杯作为传递物的“舞杯”。

图 63-2　错金银镶嵌铜骰十八面展开示意图

图 63-3　唐·龟负论语玉烛酒筹鎏金银桶，镇江博物馆藏

64. 古代女性饮酒吗?

古代的女性饮酒是十分常见的，古代习俗中还有一个专为妇女饮酒而设的日子。元代《瑯嬛记》中记载：“古人以二十九日为上九，十九日为中九，初九日为下九。每月下九，置酒为妇女之欢，名曰阳会。”汉乐府《孔雀东南飞》中也有“初七及下九，嬉戏莫相忘”的诗句。“下九”这一天就是女性们聚在一起饮酒游戏的日子。

唐代时，社会相对开放，妇女地位比较高，社会对于女性饮酒的态度十分宽容，接受度也比较高。除了下层陪酒的女性，女诗人等也有许多热衷饮酒或借酒消愁的。鱼玄机在诗中就毫不避讳她对酒的热爱。她在《遣怀》中写道：“满杯春酒绿，对月夜琴幽。”她在《寄子安》诗中写道：“醉别千卮不浣愁，离肠百结解无由……有花时节知难遇，未肯厌厌醉玉楼。”京剧经典唱段《贵妃醉酒》中唱的杨贵妃一人喝闷酒，并且喝醉发牢骚的场景虽不是历史，但也有据可依。

图 64-1　山西太原北齐徐显秀墓壁画中的夫妇宴饮图

图 64-2　河南偃师东汉墓壁画中女性宴饮场景

宋代时，历史记载中有二位皇后尤其喜欢喝酒。一位是宋哲宗的皇后孟氏，她非常喜欢绍兴酒。宋高宗觉得绍兴酒度数太高，让人给她专门酿酒，但她不想让朝廷为她额外支出，便自己花钱去外面买酒喝。还有一位是宋高宗的生母韦太后，《宋会要辑稿·后妃》中记载，她被俘回国后，怀念家乡的酒，于是高宗令“临安府每月供奉皇太后法酒一石五斗，法糯酒一石”，供韦太后畅饮。

古代留下的女性饮酒相关记载大多还是上层社会的贵族女性，还有就是一些陪酒女性。除了喝酒，她们还可以一起游戏赋诗，大多有很高的艺术修养，元曲中有许多以此为题材创作的作品。

65. 马奶可以用来酿酒吗?

蒙古人作为游牧民族，将马奶作为日常饮料，不仅如此，他们还将马奶经过搅拌发酵等步骤制作成马奶酒。元代政权建立后，马奶酒还从草原大漠传入了其他地方。

马奶酒也叫“马酒”“马湩”“湩酒”“马酮”“马妳酒”“马奶子”等，蒙古语称其为“额速克”，是乳品加工成的酒之意。它的制作方法比较简单，将新鲜马奶挤到革囊里，摇晃、搅拌或撞击多下，再静置让其发酵成酒。其实中国古代的草原民族大多能酿造马奶酒，但蒙古族酿造的最为有名。元代时，马奶酒和黄酒、葡萄酒一样，都是非常受欢迎的酒。马奶酒的度数一般是非常低的，所以会出现一点儿酸味，但当时人们常用“甘”和“香”来形容它的风味。

有一种非常优质的马奶酒被称为“黑马奶”。宋代记录蒙古见闻的《黑鞑事略》疏证中写道：“初到金帐，鞑主饮以马奶，色清而味甜，与寻常色白而浊、味酸而膻者大不同，名曰黑马奶。盖清则似黑。闻之，则云：此实撞之七八日，撞多则愈清，清则气不膻。只此一次得饮，他处更不曾见，玉石之奉如此。”可以看出，“黑马奶”比普通的马奶酒多了

“撞”的步骤，制作工艺更为复杂，耗时也多，所以发酵更为充分，酒也更加清澈醇香。

还有一种和“黑马奶”级别差不多的白马酒，“非宗戚贵胄不得饮也”，为元代王室独享，且在重大祭祀活动中常被用作祭品。白马酒和“黑马奶”都属于最高规格的马奶酒。

元代定都大都后，虽然离开了草原，但蒙古贵族依然保留饮用马奶酒的习惯，每年都会酿造大量马奶酒。当时宫廷中还专门设置有马湩室，为皇帝提供马奶酒等马奶制品。

图 65　辽・绿釉贴塑云龙纹皮囊壶
中国国家博物馆藏

66. 蒸馏酒是什么时候发明的?

蒸馏酒是蒸馏制取的酒精度较高的酒，也叫作烧酒，现在称为白酒。那么，古人也喝蒸馏酒吗？蒸馏酒又是什么时候出现的呢？具体时间尚没有定论，分别有东汉说、唐代说、宋代说以及元代说。

东汉说是源于考古发现的几件蒸馏器，但这几件蒸馏器的结构对于酿酒来说不太合理，且容积很小，一般认为是用于炼丹或蒸馏其他药材等的器物。

唐代说的依据之一是许多唐诗中提到“烧酒”，如“荔枝新熟鸡冠色，烧酒初开琥珀香”和“自到成都烧酒熟，不思身更入长安”。但根据《投荒杂录》中关于“即烧”的记载：“南方饮‘即烧’，即实酒满瓮，泥其上，以火烧方熟，不然不中饮。”“烧酒”应该是一种经过火烧的方式酿制的酒，与蒸馏酒不同。还有的诗词文献中提到白酒，如李白《南陵别儿童入京》中的“白酒新熟山中归，黄鸡啄黍秋正肥”，这里的“白酒”应当是指白色的米酒。

宋代说的证据比唐代说更多一些，认为南宋已有蒸馏器是支持这一观点的主要依据，但当时的蒸馏器都是用于蒸馏花露或药材

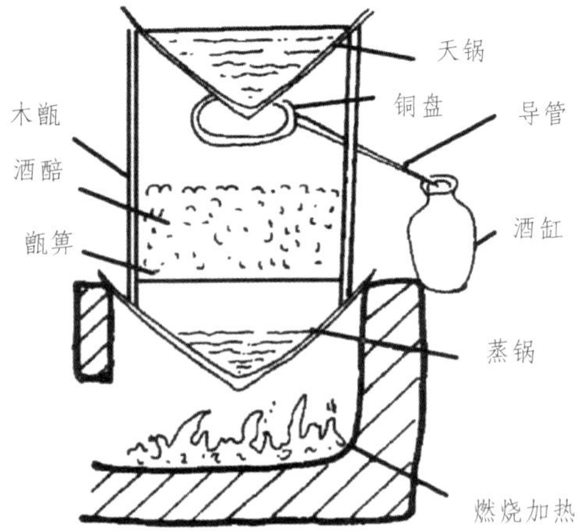

图 66-1 “天锅蒸馏法”示意图

图 66-2　元代李渡烧酒作坊遗址

的。还有各种文献记载和诗词中提到后世对蒸馏酒的许多称呼，如“烧酒”“烧春”，吴自牧《梦粱录》中提到“水晶红白烧酒”，但说它“其味香软，入口便消”，与我们现在的烈性蒸馏酒的口感完全不符。范成大诗中有“羞以烧春之浮醅”，《洗冤录》中说“令人口含米醋或烧酒”，《唐国史补》中提到“剑南之烧春”，因此有人认定宋代就出现了蒸馏酒。但宋代的酿酒专著如《北山酒经》《酒经》《酒谱》中对蒸馏酒的酿造方法都未有提及。

李时珍在《本草纲目》中提到：“烧酒，非古法也，自元时始创其法。”他认为元代时出现了蒸馏酒，这也是目前的主流观点。元代最早的蒸馏酒是从外国引入的，根据音译称其为“阿剌吉”“哈剌基”“阿里乞”等，而词源“araq”在阿拉伯语中就是烧酒的意思。忽思慧《饮膳正要》中说：“用好酒蒸熬取露成阿剌吉。”说明当时已经掌握用发酵酒蒸馏的做法，还说这种酒“味甘辣，大热，有大毒，主消冷坚积，去寒气”，也正符合高度蒸馏酒的特征。元人许有壬《至正集》中还提到：“世以水火鼎，炼酒取露，气烈而清。”“水火鼎”是古人对蒸馏器的称呼，这正是对制作蒸馏酒的记载。他还说道“其法出西域，尤尚方达贵家，今汗漫天下矣”，指明蒸馏酒的传播发展路径，最初来自西域，先是朝廷和豪门贵族所有，后来没过多久，普通人家就掌握了这种制酒方法。近年来，考古还发现了元代的蒸馏酒酒窖和烧酒作坊遗址，为元代酿造蒸馏酒提供了实物证据。

67. 古人喝葡萄酒吗?

葡萄酒的历史十分悠久，但在中国古代的大部分历史时期都不是酒的主要品种。葡萄酒最早的文字记载是西汉时司马迁所著的《史记·大宛列传》中：“宛左右以蒲陶为酒，富人藏酒至万余石，久者数十岁不败。”“张骞使西域，得其种还。”张骞出使西域，带回了优良的葡萄品种，北方和中原地区也开始酿造葡萄酒。葡萄酒传入后很长时间里，都是皇室和极少部分富贵人家所享用的。汉灵帝

图 67-1　明·《食物本草》中的酿葡萄酒

时，甚至可以用一斛葡萄酒换得凉州刺史的高官之位，足见其珍贵。

那时的葡萄种植主要还是集中在西域，又有季节限制，所以葡萄酒的酿造一直没有大范围推广。汉代以后，由于内陆逐渐不再种植葡萄，唐初时，中原地区人们对葡萄酒已是一无所知了。直到唐太宗破高昌后，带回来马奶葡萄的种子，在御苑种植并用其酿酒，之后“长安始识其味也”，中原地区也开始广泛推广。由于唐代国力强盛，饮酒不再是上层社会的特权，平民百姓也普遍饮酒。葡萄酒深受人们喜爱，唐诗中留下许多脍炙人口的佳句，如“葡萄美酒夜光杯，欲饮琵琶马上催”“蒲萄酒，金叵罗，吴姬十五细马驮”等。当时长安还有许多胡人开设酒店，售卖西域的葡萄美酒。

宋代时，经历了晚唐和五代时的战乱，真正的葡萄酒酿造方法基本已经失传了。南宋时期，原先著名的葡萄和葡萄酒产地山西太原等

图 67-2　元·黑釉弦纹葡萄酒瓶，内蒙古博物院藏

图 67-3　明·成化斗彩葡萄纹杯，台北故宫博物院藏

地区沦为金国统治，江南又不适宜种植葡萄，所以葡萄酒格外稀少珍贵。《北山酒经》中记载了一种用米和葡萄混合酿造的“葡萄酒法”，但是和前朝的西域葡萄酒已经大相径庭，失去了“甘而不饴，冷而不寒”的风味。

元代时，葡萄酒和马奶酒都是宫廷中的主要用酒，除了宫中宴会饮用，也用来赏赐臣属，祭祀太庙时也使用葡萄酒，所以宫廷对葡萄酒需求量很大，当时设有大都尚酝局和大都尚饮局负责酿酒相关事宜。山西太原和江苏南京还开辟了葡萄园，供应葡萄酒酿造。《马可·波罗游记》中记载：“在山西太原府，那里有许多葡萄园，酿造许多的葡萄酒，贩运到各地去销售。”元代引入蒸馏法后，也用于制作葡萄酒，《元氏掖庭记》中就记载了一种名为“葡萄春”的葡萄蒸馏酒，是当时的名酒。

明清时期，葡萄种植和葡萄酒酿造平稳发展，栽种的葡萄品种非常多，寻常人家也常在房前屋后种植葡萄，虽通常规模不大，但在全国遍地开花。清代时还出现了不少进口葡萄酒。

器　具

68. 先秦时期常用哪些炊具？

图 68-1　商·青铜鼎
中国国家博物馆藏

炊具是烹饪用的饮食器具，有的单独使用，也有的组合使用。先秦时期的炊具主要是陶质和青铜质的。

鼎是先秦时期的主要炊具之一，一般是圆形的腹，带有三足，所以有“三足鼎立”的说法。青铜器中也有四足方鼎，最有代表性的要数后母戊鼎了。鼎通常是用来煮肉和调和五味的，古代常将整只牲畜放入鼎中烹煮，所以鼎的体积一般比较大。最初作为日常炊具的鼎是陶鼎，商周时期出现了青铜鼎。青铜鼎一般用作祭祀等场合的礼器，常与簋等组成如九鼎八簋、七鼎六簋、五鼎四簋等组合，是身份地位的象征。

鬲是与鼎十分相似的一种炊具，但它

的足是空心的，与腹部连通，可以更好地传导热量，使食物更快煮熟，一般用于煮粥、煮羹和烧水。

甑是一种复合炊具，不能单独使用，要配合鬲或釜才能使用，类似现在的笼屉。甑的底部是镂空的，有像现在蒸锅里箅子般的孔洞。将甑放在炊具上，炊具中煮水产生蒸气，可以将甑上放置的食物蒸熟。

甗是甑和炊具组合使用后逐渐变化产生的，下部烧水，上部蒸食，相当于现在的蒸锅。最初的甗是陶甗，出现于新石器时代，多数陶甗上下是可以分开的，上部的甑可以自由与鬲、釜结合。商代以后出现了青铜甗，在士大夫等上层社会取代了陶甗。

图 68-2　新石器时代 · 灰陶鼎
中国国家博物馆藏

图 68-3　商 · “妇好”青铜三联甗，中国国家博物馆藏

69. 先秦时期人们用什么盛食物？

图 69-1　新石器时代·彩陶豆，中国国家博物馆藏

旧石器时代的人们虽然已经学会取火并食用熟食，考古研究人员在各遗址的房屋遗迹中还发现了室内的灶坑，用来取暖和炊煮食物，但并没有发现饮食器具。

新石器时代时，原始农业发展，有了烹煮农作物的需求，饮食器具随之出现。各地的遗址中都出土过许多陶制饮食器具，虽为手工制作，较粗糙，但已经在用途上有了分工，有盛食器、贮藏器、盛水器等。常见的盛食器有碗、钵、盘、盆、豆，长江流域还出土了盘和簋，并出现了最早的绘画艺术——彩陶。

夏代的盛食器有豆和簋，制作更为精美，造型各有特色。器物表面一般用纹饰装饰，如篮纹、绳纹、方格纹、弦纹、压印纹、三角纹等，有彩绘装饰的陶器数量也很多。

商代的盛食器主要有簋和豆。簋一般有陶质和青铜2种，通常用来盛放煮熟的黍、稷、稻、粱等饭食，后来和鼎一样，成为重要的礼器，在祭祀中使用。商代的豆大多是陶豆，是用来盛放腌菜、肉酱、调味品和煮好的肉食的器皿。

周代除了前代常用的盛食器，还出现了簠、敦、盨、盛、簋等。簠和簋用途类似，除了盛食，也用于祭祀，一般用簋盛黍稷，用簠盛稻粱。敦是用来盛饭食的器具，形状像是由鼎和簋结合演变而成的，一般是球状或椭圆状，上下部分结构完全相同。敦盛行于西周至战国后期，到秦代时已经基本消失。盨也是由簋发展而来的，用来盛放煮熟的黍、稷、稻、粱等饭食，出现于西周中期，秦汉后也基本绝迹了。盛和馔也是盛饭的器物，《礼记》中记载：“食粥于盛，不盥；食于馔者，盥。”就是说喝“盛”里盛放的粥，不需要洗手，而“馔”里的需要洗手后进食。

1648 罐（四，文化二，2）

1649 曲腹盆（四，文化二，2）

1650 曲腹盆（四，文化二，2）

1651 曲腹碗（四，文化二，2）

1652 曲腹碗（四，文化二，2）

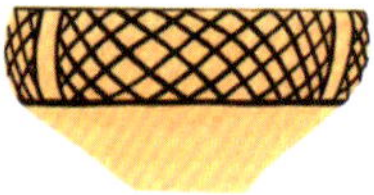

1653 碗（四，文化二，2）

1654 曲腹碗（四，文化二，2）

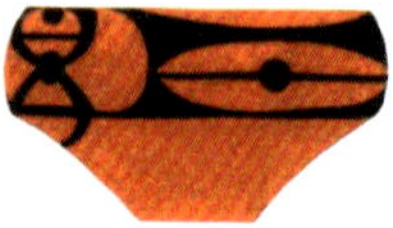

1655 曲腹碗（四，文化二，2）

1656 曲腹碗（四，文化二，2）

图 69-2　庙底沟文化彩陶碗，出土于河南省陕县庙底沟

70. “釜底抽薪”的“釜”是什么？

图 70-1　新石器时代·陶釜
余姚市河姆渡遗址博物馆藏

许多成语中都有“釜”字，如釜底抽薪、破釜沉舟、鱼游釜中、瓦釜雷鸣等，那么，它到底是什么呢？

“釜”其实是古代常见的一种炊具，类似于我们今天做饭用的锅，可以说是锅的祖先了，一般用于蒸煮食物。最早期的釜是陶制的，距今7000年前的河姆渡人在制作陶釜时还会在陶泥中加入一些稻壳和水稻的茎叶，可以避免黏土在烧制过程中因为干燥收缩而开裂，同时更好成型，重量更轻，便于搬运和使用。陶釜在使用时要用陶支架支撑起来，这样下面的空间可以放上木柴生火。“釜底抽薪”的意思就是源于这种使用方式，把釜底的柴火拿走，釜里的水也就不再沸腾了，现在用来比喻从根本上解决了问题。从考古发现来看，有许多陶釜和陶支架一起出土，这表明它们通常配套使用。

商周时期还出现了青铜釜，当时陶釜和青铜釜都有使用。秦汉时期，除了陶釜和青铜釜继续使用，由于冶铁业的发展，还出现了铁釜等铁制炊具。铁釜在烹饪时火力更强、导热性更好，很快便取代了青铜鼎的位置，成为重要的炊具。三国时，曹植七步成诗，作出了“煮豆燃豆萁，豆在釜中泣。本是同根生，相煎何太急”的

图 70-2　春秋·夔纹双耳釜，中国国家博物馆藏

千古名句。这也说明了“釜”这种炊具在当时的使用是非常普遍的。

釜比较常用于煮食，考古发现釜分为带耳的和不带耳的两种形制。带耳的可以穿绳悬挂于火焰上，用于户外。不带耳的则是架起来或是置于炉灶上使用。釜除了可以单独使用，后来人们还在上部放上一个底部有很多孔眼的甑一起使用，类似笼屉，合在一起就是个“蒸锅”了，用于蒸饭。

图 70-3　西汉·陶甑铁釜，中国国家博物馆藏

71. “人为刀俎，我为鱼肉”中的“俎”是什么？

人们在生杀大权掌握在别人手里、自己任人宰割的时候，常说“人为刀俎，我为鱼肉”，这个成语由来已久。司马迁在《史记·项羽本纪》中写道：“樊哙曰：‘大行不顾细谨，大礼不辞小让。如今人方为刀俎，我为鱼肉，何辞为。’”那么，这里提到的“俎”是什么呢？

《方言》中记载：“俎，几也。”《一切经音义》引《字书》：“俎，肉几也。”可以看出，俎就是切肉用的几案，它的功能类似我们现在日常用的案板。除此之外，先秦时期还在祭祀时用俎盛放献给神明的肉食，用作礼器。《庄子·逍遥游》中提到：“庖人虽不治庖，尸祝不越樽俎而代之矣。”是说即使厨师不做饭了，主持祭祀的人也不能放下祭器代替厨师做饭。“越俎代庖”这一成语就是由此而来，用来比喻超越自己职权范围去处理

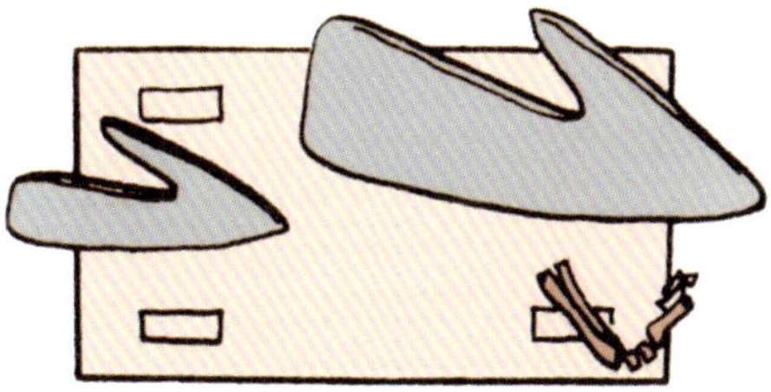

图 71-1　陶寺遗址的石刀木俎示意图

别人应该做的事或包办代替。

俎出现的时间很早，但早期并没有文字记载。目前考古发现最早的俎是在距今4000多年前的龙山文化的陶寺遗址中出土的彩绘木俎，但由于木制品难以保存，已经腐朽，考古研究人员只能根据残存的彩绘层来进行复原。陶寺遗址的多处大墓中都发现有俎，且大多施有彩绘，并通常放有V字形石刀和猪骨，可以看出俎的用途。除了早期最常见的木俎，先秦时期还使用石俎和青铜俎，传世和出土的青铜俎数量很少，十分珍贵。

图 71-2　春秋·“王子臣”青铜俎
中国国家博物馆藏

72. 中国古代有冰箱吗?

古代人民很早就能够在夏季用冰了，通常在冬天将冰储藏在冰窖中，夏天再拿出来使用。《诗经》中就记载：“二之日凿冰冲冲，三之日纳于凌阴。”

当然，古人也很早就认识到可以用冷藏的方式来延缓或防止食物变质，那时的冷藏有用井藏的也有用冰藏的。《周礼·天官·凌人》中记载：“春始治鉴，凡外内饔之膳羞鉴焉。凡酒浆之酒醴亦如之，祭祀共冰鉴，宾客共冰，大丧共夷槃冰，夏颁冰掌事，秋刷。”当时官职中设有“凌人”的职位，专门管理凿冰、运冰和藏冰的相关事宜，每年要将3倍用量的冰块放置于冰窖中。春天要检查存放冰块的鉴，将用于祭祀、待客的食物和酒冷藏；夏天管理周王赏赐群臣冰块的事情；秋天刷洗冰窖；冬天将新的冰块入藏。

湖北曾侯乙墓中就出土了这样的青铜冰鉴，其实有点儿类似我们今天的冰箱，只是并不用电制冷。冰鉴由方鉴和方缶组成，使用时将冰放入方鉴，再将需要冰镇的酒或是食物放入缶中，达到降温或防止变质的效果。到了寒冷时节，还可以加入热水来温酒。既可以“制冷”，也可以“制热”，如此一器两用。

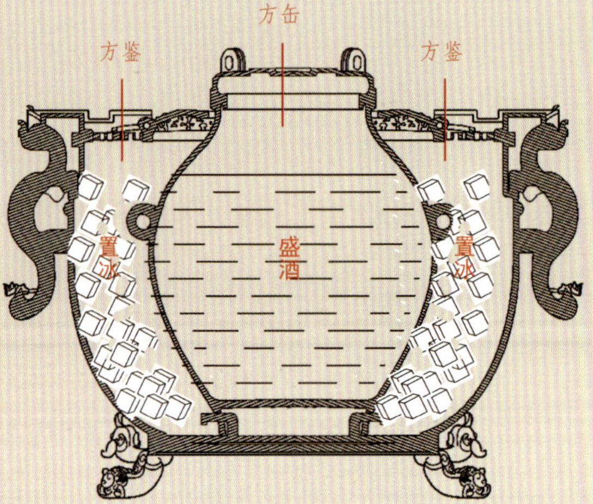

图 72-1　战国时期曾侯乙冰鉴内部结构与冰镇制冷原理

图 72-2　战国·青铜冰鉴，中国国家博物馆藏

73. 商代有哪些青铜酒具?

商代的酒具主要是陶器和青铜器，也有角制、玉制和象牙制的。因为商代青铜器制造业突飞猛进，青铜酒具也大量增多，但主要是贵族阶层使用。一般平民则是使用造型简单、工艺粗糙、器型单一的陶器作为酒具。商代人对酒的喜爱，从墓葬中出土的酒具数量就可见一斑。殷墟妇好墓中出土468件青铜器，其中210件为礼器，而酒具在青铜礼器中占比可达70%。平民墓中也常见陶制酒具随葬品。

图 73-1 商·青铜爵
中国国家博物馆藏

商代的青铜酒具主要有尊、卣、彝、瓿、罍、壶、盉、爵、角、觯、斝、觥、觚等，比陶制的器型多得多。这些青铜酒器不仅器型丰富，制作也很精良，装饰纹样有雷纹、饕餮纹、夔龙纹、凤鸟纹等。

这些酒具按功能可以分为酿酒器、贮酒器、盛酒器、温酒器、饮酒器等，但有的时候同一个器型可能兼具两种功能。尊和罍最早是酿酒用具，但商代时大多用来贮酒。彝、瓿和觥是盛酒器，但觥也可用作饮酒器。盉和斝一般用于温酒，在饮酒前将酒加热后再饮用。觚和觯一般作为饮酒器。

爵也是盛行于商代的青铜酒具，一直沿用到西周中期，一般认为是温酒器。孙机先生根据出土爵底部有烟炱、某些爵的结构拢火以及内盛祭神的鬯酒等判断：爵为祭祀中用于歆、祼的礼器。“以香气享神曰‘歆’。”加热后，爵内鬯酒的蒸气香味浓郁，鬼神乐于享用。在祭礼中，爵内鬯酒通过前端的流浇灌到地上，这种灌地之礼称为“祼”。

图 73-2　商·青铜觚
中国国家博物馆藏

图 73-3　青铜器纹饰

74. 中国人是从什么时候开始使用筷子的?

筷子是中国人的专利发明之一，如今世界上有包括中国人在内的15亿人使用筷子吃饭。那么，筷子是什么时候发明的呢？

在筷子出现以前，远古先民都是吃“手抓饭”的。他们将谷物用树叶包裹好，再糊上泥放置于火中烧烤，为了使之受热均匀，不断用木棍拨动。这木棍大约就是筷子的雏形，后来逐渐将木棍数量固定为两根。筷子早期叫作“筯”，意为帮助吃饭的工具。

考古发现过许多新石器时代的骨棍，但较多人认为那是束发的骨笄，也有学者认为这是筷子的原型。《史记》中有“纣始为象箸”的记载，说纣王使用象牙做的筷子吃饭。安阳殷墟出土了早期的筷子，所以筷子的历史大约已有3000年了。

筷子的名称在历史上发生过几次变化，先秦时期称为“梜”，也写作“荚”。秦汉一直到唐代都将其称为“筯”或“箸”。唐代以后，统一称筷子为“箸”。而“筷子”这一称呼，是源于苏州吴中的

图 74-1　甘肃嘉峪关魏晋画像砖中的筷子

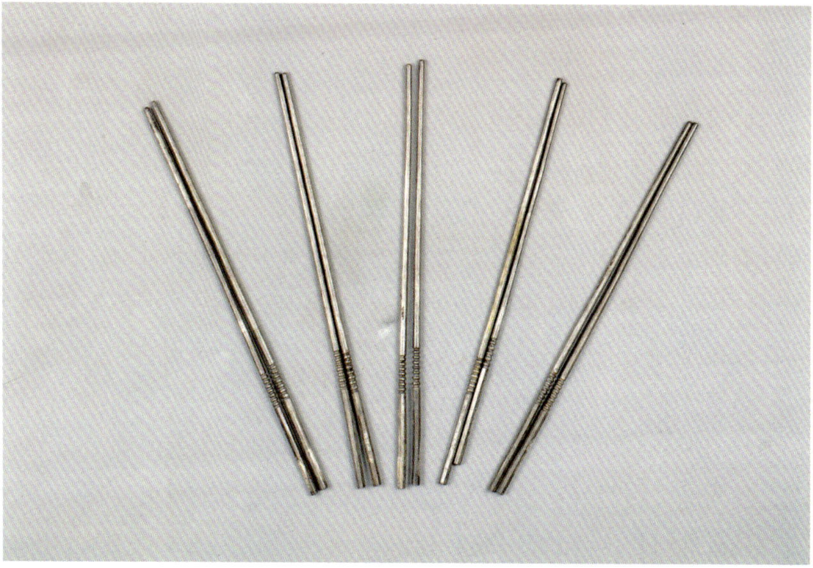

图 74-2　元・银筷子，中国国家博物馆藏

渔民。“箸”与“住”同音，由于行船的忌讳，他们就把“箸”改为“筷子”了。后来“筷子”逐渐变成使用最广泛的称呼了。

筷子的材质，不同时期也略有不同。先秦时期，主要有骨质、铜质、象牙质等，但出土量不大，或许还没有普遍使用。汉代使用普遍起来，多为铜箸和竹箸，新疆地区还发现过木箸。从考古和文献来看，隋唐时期有金银箸、犀箸。宋元时期或许是受少数民族风俗影响，出土了许多银箸。到了明清时期，已经和现在的筷子基本没有区别了。但清宫中所用筷子大多用料珍贵、制作考究，有金银镶玉、紫檀镶玉、铜镀金等。

75. 古代的勺子是什么样的?

如今我们吃饭使用的勺子，在古代一般称为匕或匙。在新石器时代的许多遗址中都出土过骨制的勺子，且数量较多，一般是由各种兽骨制作而成的。这些勺子多为勺形，类似现在常见的勺子形状，但弧度更小；还有匕形，是长条形状的，更像现在使用的餐刀，发现的数量比勺形更多，制作更容易一些。很多骨勺的勺柄末端都有一个小孔，应该是为了方便携带。

随着青铜器的发明和使用，当时的人们除了继续使用骨勺，还开始使用铜勺。殷墟中出土了近千件制作精美的骨勺，但到了西周时期，骨勺的使用已经不如前代普遍了。最初的铜勺形状接近长条形骨勺，且有的自铭为“匕”，这一名称一直沿用至秦汉时期。到了春秋时期，就已经出现了勺柄更细的椭圆舌形勺子了，这成为后来中国古代勺子的主流样式，沿用2000多年，直至今日。

秦汉时期，勺子的形状依然是窄柄舌形，但除了青铜勺，还出土了许多漆木勺，一般是通体髹红漆，用黑漆绘制纹饰，这种漆木勺十分受当时贵族们的欢迎。

隋唐时期，上层社会盛行银质餐具，出土了不少银勺。辽金宋元以后，除了大量的铜勺，也制作和使用银勺，装饰和制作工艺都日渐精美了。

图 75-1　西周·青铜匕
中国国家博物馆藏

图 75-2　清·白玉如意柄勺
中国国家博物馆藏

76. 古人使用叉子吃饭吗?

现在我们吃西餐时经常使用刀叉，所以可能有许多人认为叉子是西方人发明，而后传入中国的。其实并非如此，我们的祖先早在新石器时代就发明并使用叉子了，最早的叉子是兽骨制成的。

到了商周时期，虽然已经进入青铜时代，依然出土了一些兽骨制成的叉子，大多是2齿的，也有3齿的，制作还比较粗糙。

图 76-1　新石器时代·骨梗石刃刀、骨叉、骨勺（齐家文化）
青海省博物馆藏

图 76-2　清・18 世纪鎏金叉，台北故宫博物院藏

战国时期，出土的骨叉数量更多了，制作也更加精致了，柄部装饰有不同图案。战国以后，出土的叉子实物就很少了，只有零星发现。虽然叉子发明得很早，但是使用叉子的习惯好像并没有延续下来。

有意思的是，在出土的实物中，许多叉子并不是单独出土的，还有配套的勺子一起出土。如二里岗和侯马故城，都有这样的组合。元代时，也同时出土过刀叉，大约在当时也是配套使用的。

叉子的使用和肉食关系密切，先秦时称贵族为“肉食者”，普通百姓日常食物中则以菜蔬谷物为主，也就不需要使用叉子，所以叉子可能在很长时间里都是上层社会的专用品。

77. 石磨是什么时候开始使用的?

图 77-1 新石器时代·石磨盘、石磨棒（裴李岗文化）
中国国家博物馆藏

河南裴李岗遗址出土的距今约7000年的石磨盘、磨棒算是最早的粮食加工工具了。它可使谷物脱壳或粉碎，也用于加工、碾碎坚果，一器多用。谷物的果实大多有硬壳，无法直接食用，一般得经过脱粒除壳等加工步骤，才能使其变成能烹煮的“粒食”。最原始的脱壳方法则是用手揉搓、用脚踩压。

石杵、石臼是继石磨盘之后不久出现的重要的谷物脱壳加工工具，一般配套使用。杵臼加工可以使谷物在脱壳过程中较少散落、丢失。

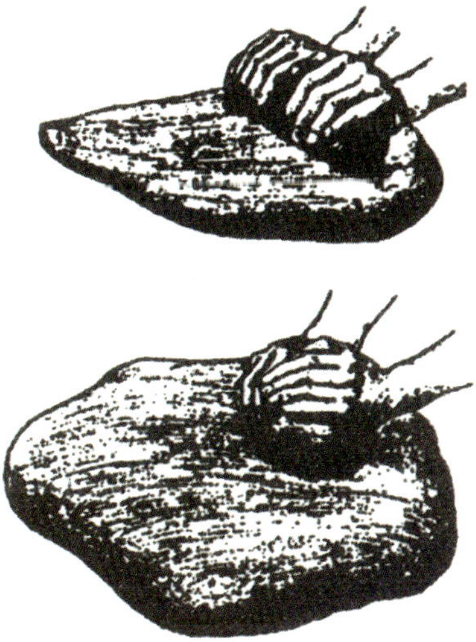

图 77-2 石磨盘、石磨棒使用示意图

图 77-3　满城汉墓出土的石磨复原品

大约战国晚期，还出现了圆形石磨。到西汉时，这种圆形石磨已普遍推广至南北各地并逐渐改进定型了，考古中也发现了大量实物遗存，与我们今天使用的非常相似。此外，汉代墓葬中还常有作为明器的石磨模型出土，大多为陶制。这类明器的组合往往是仓、灶、厕、磨、楼及家禽、家畜等，体现了古代人“视死如生”的理念，也反映出石磨在当时的重要地位。

石磨在粮食加工方面使用非常广泛，可以用于小麦、黄豆、高粱等的加工。不同粮食体积和硬度不同，有的需要磨两三遍，有的则需要六七遍。石磨的大小也没有规定，大的磨要用壮牛来拉。牛在拉磨时，一般要用桐壳遮住眼睛，否则牛容易转晕。腹部还要绑个桶来装粪便，避免把地弄脏。小一点儿的磨可以用驴来拉，再小一点儿的则可以直接由人来推磨。

78. 汉代的酒杯是什么样的?

图 78-1　西汉·云纹“君幸酒”漆耳杯，湖南博物院藏

《汉书》载：“酒者，天之美禄。”汉代饮酒之风盛行，这时饮酒不再局限于贵族阶层和祭祀，而是社会各个阶层都能够享受的活动。汉代自然没有现在我们使用的高脚杯一类的酒杯，那么那时的酒杯是什么样的呢？

汉代的手工技术十分先进，制作出种类繁多的酒具，仅饮酒用的器具就有十几种，还有各式盛酒器、挹酒器，在汉代壁画和考古发现中都常见它们的身影。其中，最有特色的饮酒器要数耳杯和卮了。

耳杯是战国时期兴起的一种饮酒器，也可以作为食器使用。它呈椭圆形，两侧各有一个半月形耳，因为看起来像一双羽翼，故又叫羽觞。张衡在《西京赋》中

图 78-2　明·佚名《兰亭修禊图卷》中的曲水流觞
中国国家博物馆藏

图 78-3　西汉·金扣象牙卮
南越王博物院藏

道：“促中堂之狭坐，羽觞行而无算。”秦汉时期，耳杯算得上是最主要、最普遍的饮酒器了，漆耳杯最为流行，铜耳杯和陶耳杯也有发现。王羲之《兰亭集序》中记载的“曲水流觞”便与耳杯有关。当时文人进行酒会时，他们面前弯弯曲曲的溪水水面上漂着盛满酒的耳杯，耳杯顺着清清的溪水漂流而下，漂到谁面前，谁就要拿起一饮而尽，并要借酒兴吟诗咏怀。

卮也是汉代常见的饮酒器，它的外观有些像现在的马克杯。出土的卮，口径大多是10厘米左右。四川出土的宴乐画像砖上还画有持卮者，许多汉代文献中也常提到卮。《史记·项羽本纪》中描述鸿门宴时就曾提到，项王说：“壮士，赐之卮酒。”侍者“与斗卮酒”。这里的“斗卮”应当是最大的酒卮，容量约为2000毫升。根据马王堆出土的遣册和卮器底铭文，还有7升卮、2升卮和小卮，容量各不相同。

79. 汉代也有小火锅吗?

火锅是深受人们喜爱的一种饮食方式，特别是在寒冷的冬天，人们在室内围着热腾腾的火锅，既祛除了寒气，又享受了美味。其实，这种饮食方式历史十分悠久。虽然火锅的起源还尚未有统一定论，但可以确定的是，2000多年以前的汉代就有类似我们现代的小火锅了，青铜染器就是最好的明证。

染器是我国一种炊、食两用的温热器具。《秦汉金文录》中有记载，因为它的炉上刻有铭文“染炉”，杯上刻有“染杯”，所以定名为染器。染炉上有染杯，炉下有托盘，合成一套一起使用。最初一些学者以为“染”顾名思义就是染色的意思，而染炉就是用来给丝帛染色的工具，但是后来经过进一步研究发现，“染”并不是现在所说的染色的意思，而是古代的调味品。“染，豉酱也”，这表明染就是我们现在依然在食用的黄豆酱一类。这种染器在湖南、河南、山西、陕西、山东、河北、四川等地都有出土，多出土于西汉墓葬中，秦以前的较少，魏晋以后也少见，流行了三四百年。出土情况表明，这种器具在历史上流行的时间虽不算太长，地域分布却很广，使用也比较广泛。

这种染器如何使用呢？这就和当时用“濡”的方法制作肉食有关。中国自先秦至汉，制作肉食主要有烹煮和炮烤两种方法，而用“濡”的方法制作肉食，在汉代也较为常见。濡肉包含两个步骤：先把肉煮到可食的程度（相当于现在的白煮肉）；再蘸调料加味，染杯中盛的就是调味的酱汁。与现代小有不同的

图 79　西汉·清河食官青铜染器
中国国家博物馆藏

是，汉代人习惯用较烫的调料，所以须用染炉不断地给调料加温。考古发掘中所见染器都出自西汉墓。制作精良的染器，除了杯、炉，还有托盘，并常在炉身铸出各种纹饰。有的染器的耳杯还横出长柄，拿取更为方便。有的耳杯设计更为周到，即在中部装设带孔的箅子，以避免肉食沾上调料中的渣滓，显示出食不厌精的匠心。值得注意的是，出土的青铜染器体量都很小，染杯的容量一般只有250～300毫升。整套染器的染杯、染炉、托盘加起来，高度也不过在10～14厘米之间，十分精巧。染器的设计很符合汉代人的饮食方式，当时的人们使用分餐制，一般是一人一案。有的染炉和染杯上还刻有顺序编号，宴饮时一人一套，随吃随“染”，有点儿类似现代人使用的小型火锅。

80. 紫砂壶是什么时候开始流行的?

紫砂壶是用江苏宜兴的一种质地细腻、含铁量高的特殊陶土，经过精细的挑选和手工制作后，在1000多摄氏度的高温中烧制而成的。这种壶一般烧成后不上色釉，呈赤褐、淡黄或紫黑色，所以称为紫砂。

一般认为，最早提到紫砂器的是宋代诗词中：“小石冷泉留早味，紫泥新品泛春华。”“喜共紫瓯吟且酌，羡君潇洒有余清。”“香生玉尘，雪溅紫瓯圆。”由此人们推测，宋代就已经出现了紫砂壶，但因为没有出土或传世的实物，所以学者们只能根据史料，推测明代中期大约弘治、正德年间是紫砂壶创作的成熟时期。

在紫砂壶没有兴盛之前，饮茶一般用陶瓷茶具。明代中期以后，紫砂壶开始被广泛用作饮茶器具。紫砂壶有许多其他质地的器具所不具备的优点。由于特殊的质地结构，紫砂壶泡茶可以很好地

图 80-1　清・杨彭年
包袱紫砂壶
中国国家博物馆藏

图 80-2　清·张鸿珅制紫砂方壶，中国国家博物馆藏

保留茶香原味。它“色香味皆蕴”，用来存放茶叶也不容易变质，所以明清时还流行紫砂茶叶罐等茶壶以外的紫砂茶具。紫砂壶的耐热性也很好，不易变形烧裂，经久耐用。古人赞它“无铜锡之败味，无金银之奢靡，而善蕴茗香，适于实用”。

清代以后，紫砂壶的制作技艺进一步发展，装饰手法也有改进。紫砂壶通常不上釉，以本色示人，这一时期人们开始在紫砂壶上用珐琅、粉彩绘制图案，在壶表面包锡、镶玉、描金等，还有在壶上直接刻画的泥绘工艺，并且发展出更多新的形制，如仿古形、花果形、几何形等。后来许多文人参与了紫砂壶的设计，书法、绘画、篆刻都成为紫砂壶的装饰内容。这一时期的紫砂壶往往集诗书画印于一体，涌现出诸多传世精品。

食俗思想

81. 周天子日常吃什么?

周代尤其是西周时期，等级制度是非常严格的，并渗透到了方方面面，也包括了饮食。平民庶人与贵族阶层所食之物大不相同，每个阶层都有不同的饮食标准。

周天子作为最高统治者，他的饮食种类最为丰富。《周礼·膳夫》记载："凡王之馔，食用六谷，膳用六牲，饮用六清，馐用百有二十品，珍用八珍，酱用百有二十瓮。""六谷""六牲""六清""八珍"、120种珍馐和120瓮酱就是天子饮食的全部内容了。那么，这些名词指的分别是什么呢？

"六谷"作为主食，是6种谷物蒸的饭，分别是黄黍饭、稷米饭、稻米饭、白粱饭、白黍饭和黄粱饭。这6种饭中的大部分，我们日常已经不再食用了，而我们现在吃得最多的稻米饭，也就是大米

淳熬：浇着肉酱的稻米饭
淳母：浇着肉酱的黍米饭
捣珍：烧里脊
渍：酒糟肉
炮豚：烤乳猪
炮羊：烤羊羔
熬：五香肉干
肝膋：网油烤狗肝

图 81　周八珍示意图

饭，在当时是十分珍贵的，所以作为天子之食。《论语·阳货》中说："食夫稻，衣夫锦，于汝安乎？"可以看出，吃稻米和穿锦衣在当时是同样奢侈的行为。

"六牲"作为肉食，主要是家畜和家禽，一般认为是马、牛、羊、猪、狗、鸡，与我们常说的"六畜"相同。《周礼·食医》中则是以牛、羊、猪、狗、雁、鱼作为"六牲"。

"六清"是6种饮品，分别是水、浆、醴、凉、医、酏，大部分是酒类饮品。浆是一种酒糟制成的饮品，略带酸味；醴是一种甜米酒；凉一般认为是水和酒混合的一种饮料，也有人认为是冰粥或冰镇果汁；医是梅浆；酏是黍酒。

"八珍"是8种珍贵肴馔，根据汉代学者郑玄等人的考证，分别是淳熬、淳毋、炮豚、炮牂、捣珍、渍珍、熬珍和肝膋。也有学者将炮豚和炮牂合在一起称为"炮"，又加上"糁"，合称"八珍"。淳熬是一种稻米肉酱盖浇饭；淳毋是黍米肉酱盖浇饭；炮豚、炮牂类似于烤炖乳猪或羊羔；捣珍是将牛、羊、鹿的里脊肉，经捶打、去筋腱后，煎至嫩熟，再调以香料、酱、醋等；渍珍是将鲜牛、羊肉切薄片，用香酒浸渍，佐以酱醋、梅酱等食用；熬珍是加香料烘烤而成的肉脯；肝膋是烤网油包狗肝；糁是将牛、羊、猪等鲜肉切粒调味，再和稻米混合烙熟食用。"八珍"作为周天子的专享品，不光体现了中原饮食文化的风格，也是对当时烹调技艺的全面展示。

82. 为什么说“食以体政”？

《尚书·洪范》中提到“农用八政”：“一曰食，二曰货，三曰祀，四曰司空，五曰司徒，六曰司寇，七曰宾，八曰师。”其中将“食”列于“八政”之首，足以体现其重要地位。唐代经学家孔颖达解释说：“一曰食，教民使勤农业也……人不食则死，食于人最急，故教为先也。”食之于民、食之于政都是十分重要的。许多政治家也深谙烹饪之道，经常用烹饪原理隐喻安邦治国、政治哲理。

伊尹谓治国如烹饪，美味佳肴，“五味三材”，其本初都是腥膻之物，完全依靠厨师调和烹制而成。个人的修养和国家的强盛同样依靠品德治理。伊尹还强调对火候的把握，用以比喻治国既不能操之过急，也不能松弛懈怠。

孔子十分重视民食，把它作为立国的三大基本条件（兵、粮、信）之一；主张饮食简朴，提出“君子食无求饱”；讲究饮食卫生，认为放久变味、变色、烹饪不熟、市场买来的无法保证清洁等食物均不可食用；追求饮食艺术，提出“食不厌精，脍不厌细”“割不正，不食”；注重饮食礼仪，即使是粗糙的饮食，也要像对简陋的祭祀一样，态度严肃恭敬。

晏子将对食物的调和提升到治理国家

图 82-1　伊尹像　《三才图会》

的高度。《晏子春秋》中记载道：“先王之济五味，和五声也，以平其心，成其政也。”意思是说先王调剂酸、甜、苦、辣、咸 5 种味道，调和5种音阶，都是为了平静内心，这样政事的运作才可以成功。因为物质和精神都调和了，百姓就能安居乐业。

庄子也善于用饮食之道比喻政治，《庄子·天运》中记载他论证战国变法的合理性时说：“三皇五帝之礼义法度，不矜于同，而矜于治。故譬三皇五帝之礼义法度，其犹柤、梨、橘、柚耶，其味相反，而皆可于口。故礼义法度者，应时而变者也。”他用山楂、梨、橘子和柚子虽不同味但都可口，比喻变法的合理性。

老子提出“治大国，若烹小鲜”的名句，认为治国虽然复杂，但其实和烹饪的原理是相通的，做鱼时不能经常翻炒，治国也不宜多事扰民，应该予民休息。

图 82-2　明·孔子燕居像图轴
孔子博物馆藏

图 82-3　庄子像　《三才图会》

83. 古代的座次是什么样的?

中国古代重视等级尊卑，对宴饮中的座次也十分讲究，相关的描述和记载并不罕见。

《史记·项羽本纪》中描写了鸿门宴的座次：“项王、项伯东向坐，亚父南向坐。亚父者，范增也。沛公北向坐，张良西向侍。”因为是在帐内，所以遵循了室内的座次规范。项羽和项伯坐西朝东，是为最尊；范增坐北向南，是次座；刘邦的座位在南面，面向北面坐，次于范增，为三座，这里体现了项羽藐视刘邦，并不把他当作贵宾，故意如此安排；张良是刘邦的随从，地位最卑，坐东向西，是陪侍的末座。这种东向为尊的座次在古代较为普遍，使用范围也比较广。因为一般宴请中，请尊贵的宾客坐在西面，而主人坐在东面，所以后来称主人为“东家”，“房东”一词也由此而来。堂上的座次则并不

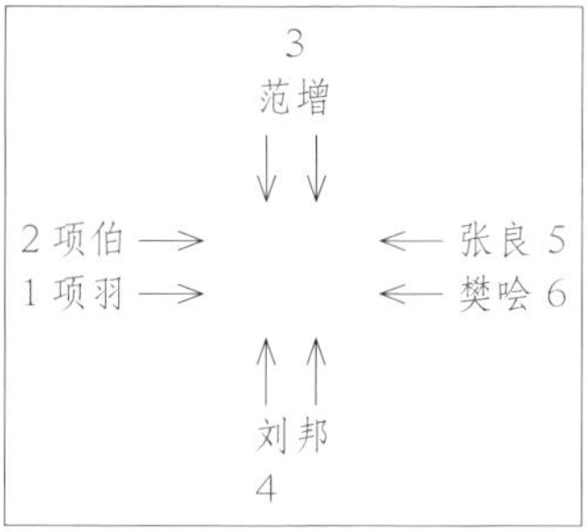

图 83-1　鸿门宴座次示意图
引自赵荣光《中华饮食文化史》

图 83-2　东汉·鸿门宴画像石拓片，南阳汉画馆藏

图 83-3　陕西西安长安区韦曲韦氏墓壁画《野宴图》

相同，是以坐北朝南为尊的，其次是东向，再次为西向，最末为北向。

唐代时，由于分餐制逐渐转变为会食，还出现了长条形的食床，宴饮者只能坐在食床的两侧或三侧，被称为“列坐而食”。座次安排上，一般是以左为上、西为尊，席口的位置最为尊贵。到了宋代，虽然也是会食，但变成了三面或四面围坐，最尊位就变成了最里边的位置。

宋代以后，还流行八仙桌这种方桌，一般是每桌 8 人。在坐北朝南的堂屋宴客时，最尊贵的是北面左手的座位，次座是北面右手的座位，三到八分别为东面靠北、西面靠北、东面靠南、西面靠南、南面靠东、南面靠西的座位。南方和北方的不同地域的座次规矩略有出入。

84. 中国古代流行分餐制吗?

我们现在吃饭宴请都是围坐一起的，而中国古代很长时期其实都是实行“分餐制”的。原始社会时，因为饭桌还没有出现，把饭菜分配给个人后，各自站着或坐着吃饭，这是最初的分餐制。

秦汉时期，人们通常席地而坐，面前放置低矮的食案，食案上放置食物，一人一案，单独进食。鸿门宴中的场景体现的就是这种“分餐制”。河南密县打虎亭汉墓中的壁画所绘宴饮场景中，主人面前有一长方形大案，上置一托盘，两侧坐的宾客也各自在自己的食案前就坐，侍者在案前做着准备工作，生动再现了“分餐制”的场景。

图 84-1　河南密县打虎亭汉墓壁画中的宴饮场景

图 84-2　五代·顾闳中《韩熙载夜宴图》(局部) 故宫博物院藏

魏晋南北朝时期，许多少数民族进入中原地区，形成了规模空前的民族大融合局面，传统的席地而坐习俗因此受到了冲击。这时出现了方凳、椅子等，逐渐开始取代低矮的食案，但分餐制还是主要的进餐方式。

到了唐代，高足餐具开始流行。南唐时期的《韩熙载夜宴图》中就可以看到各种高足桌椅、大床，人们围坐在一张长桌周围，上面摆满了各种饮食器具，已经是类似于今天的合食了。但这一时期，分食依然存在，直到宋代，才完全被合食所取代。

时至今日，人们又开始提出效仿西方的“分餐制”来改变中国餐桌上的不卫生状况。殊不知，“分餐制”其实是中国从远古就有的古老传统。

85. 唐代的宴席是什么样的?

唐代时，随着食物种类的日渐丰富和烹饪技术的发展，各种宴席也更为讲究了，烧尾宴就是唐代宴席的代表作。

烧尾宴常用于庆贺士子登科或官员升迁，主人备好美酒佳肴和音乐舞蹈来答谢宾客。《封氏见闻记》中记载：“士子初登荣进及迁除，朋僚慰贺，必盛置酒馔音乐，以展欢宴，谓之‘烧尾’。”而《辨物小志》中则说：“唐自中宗朝，大臣初拜官，献食天子，名曰‘烧尾’。”这是官员被提拔后谢恩于皇帝而办的烧尾宴。这2种用途的烧尾宴一直存在。关于“烧尾”一词的由来，常见的传说有3种：一说是兽变成人时尾巴不能变没，于是只能烧掉；二说是新羊初入羊群时，烧掉尾巴才会被羊群接受；三说是是鲤鱼跃龙门时，被天火烧掉尾巴才得以化龙。这3种说法都带有更新之意，并象

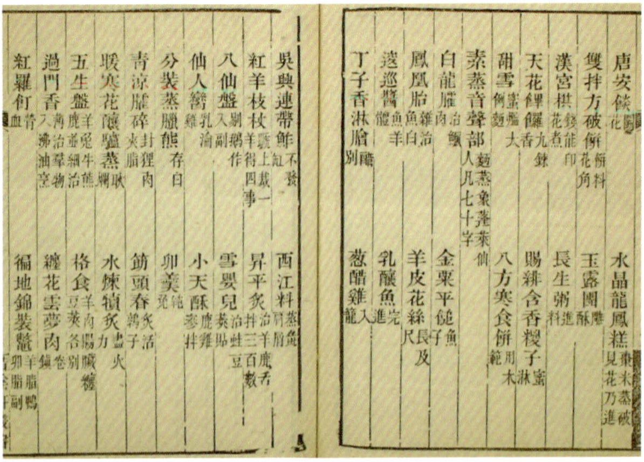
唐安餤 鬬花　水晶龍鳳糕 棗米蒸破見花乃進
雙拌方破餅 餅料花角　玉露團 雕酥
漢宮棋 錢能印花煮　長生粥 進料
天花饆饠 九煉香　賜緋含香粽子 蜜淋
甜雪 蜜爁太例麪　八方寒食餅 用木範
素蒸音聲部 麪蒸象蓬萊仙人凡七十字
白龍臛 治鱖肉　金粟平饂 魚子
鳳凰胎 雜治魚白　羊皮花絲 長及尺
逡巡醬 魚羊體　乳釀魚 完進
丁子香淋膾 醋別　葱醋雞 入籠
吳興連帶鮓 不發缸　西江料 蒸彘肩屑
紅羊枝杖 蹄上裁一羊得四事　升平炙 治羊鹿舌拌三百數
八仙盤 剔鵝作八副　雪嬰兒 治蛙豆莢貼
仙人臠 乳瀹雞　小天酥 鹿雞糝拌
分裝蒸臘熊 存白　卯羹 純兔
青涼臛碎 封狸肉夾脂　箸頭春 炙活鶉子
暖寒花釀驢蒸 耿爛　水煉犢炙 盡火力
五生盤 羊兔牛熊鹿並細治　格食 羊肉腸臟纏豆莢各別
過門香 薄治群物入沸油烹　纏花雲夢肉 卷鎮
紅羅飣 膋血　遍地錦裝鱉 羊脂鴨卵脂副

图 85　《清异录》中的韦巨源烧尾宴食单

征前程光明远大。

唐中宗时的大臣韦巨源就曾设烧尾宴招待皇帝，宴席规模盛大。他本人对菜点也进行了记录，称为《烧尾宴食单》，但大部分已经佚失。陶穀在《清异录》中“择其奇异者略记”，保留了其中58道菜点的记录。菜肴有用羊、牛、猪、鸡、鹅、鸭、熊、鹿、兔、鱼、虾、鳖等为原料制作的荤菜，还有各种面、饭、点心，如乳酥、夹饼、面、膏、粥、馄饨、汤饼、毕罗、粽子等。除了对菜品的简单注解，书中还记载了烹饪方法和所用原料，选材和制作都十分考究，虽然并不能复原完整的烧尾宴，但也能窥见盛宴的概貌。

86. “开门七件事”指的是什么?

老百姓常说“开门七件事”，说的是柴米油盐酱醋茶，一般也指每天生活离不开的事情。这最早是南宋时吴自牧在《梦粱录》中提到的：“人家每日不可缺者，柴米油盐酒酱醋茶”，可以看出这时还是“八件事”，“七件事”并未定型。因为后来人们认为酒不能算是每家每户的生活必需品，就将它剔除了。茶作为饮品还保留了下来，可以看出这时茶已经在人们生活中占有重要地位了，饮茶在宋元时期也已经普及开来。

到了元代，“七件事”就基本定型了，许多元杂剧中都有提到。周德清的《蟾宫曲·别友》中就写道：“倚蓬窗无语嗟呀，七件儿全无，做甚么人家？柴似灵芝，油如甘露，米若丹砂。酱瓮儿恰才梦撒，盐瓶儿又告消乏。茶也无多，醋也无多。七件事尚且艰难，怎生教我折柳攀花？”大抵是说元代的读书人穷困窘迫，生活里“七件事”都无法满足，十分辛酸。元杂剧《玉壶春》《百花亭》等也都有“早晨起来七件事，柴米油盐酱醋茶”的说法。清代的文学家袁枚在《随园诗话》中载张璨诗云：“书画琴棋诗酒花，当年件件不离他。如今七事都变更，柴米油盐酱醋茶。”可以看出，元代以后，直至明清，“开门七件事”的叫法和内容就都无变化了。

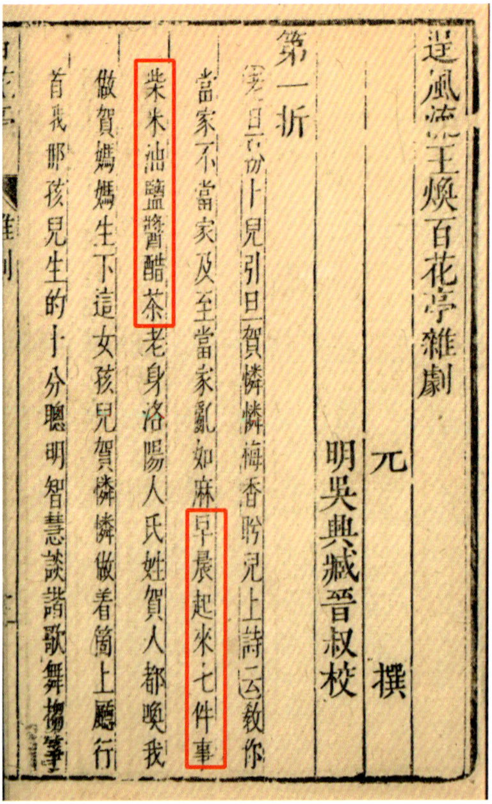
逞風流王煥百花亭雜劇
元　撰
明吳興臧晉叔校
第一折
（老旦扮卜兒引旦賀憐憐梅香盼兒上詩云）教你
當家不當家及至當家亂如麻早晨起來七件事
柴米油鹽醬醋茶老身洛陽人氏姓賀人都喚我
做賀媽媽生下這女孩兒賀憐憐做着箇上廳行
首我那孩兒生的十分聰明智慧談諧歌舞撥箏

图86　明·臧懋循《元曲选》中的《百花亭》本

87. 人们是从什么时候开始一日食三餐的?

我们现在日常饮食总讲究一日食三餐，并以此为规律健康的饮食。其实，中国古代的平民很长一段时间内都是一日只吃两餐的，三餐则是奢求了。那么，人们一日吃三餐是从什么时候开始的呢？

西周时期普遍还是一日两餐的，称为朝食和夕食，两餐外还有加餐。但《周礼》中记载："王齐，日三举。"那时周天子已经是一日三餐了。唐代人贾公彦还提出过一个有意思的观点，他认为周天子是"一日食有三时，同食一举"，就是说周天子虽然是一天三顿饭的，但其实后面两顿都在吃第一顿的剩饭。到了战国时期，贵族和权贵门客等有钱、有地位的人也能每天多吃一顿、一日三餐了。这时的三餐一般称为朝食、日中、夕食。对普通老百姓来说，普遍还是一日两餐的。

宋代开始，一日三餐成了主流。这一时期国富民强，基本解决了人民温饱问题，而且随着宵禁的解除，"买卖昼夜不绝"，人们一天有了更长的活动时间，也就养成了多吃一顿饭的习惯。不过三餐制流行的同时，两餐制也并未消失。在宋代之后很长一段时间里，在广袤的农村地区和一些不太发达地区，"不能营三餐之饱"，依然保留一日两餐的习惯。除了生活所迫的人，也有许多人是主动选择一日两餐的。如苏东坡的好友张天觉，为了养生早晚各吃一顿饭，而且只吃“米一升、面五两”。有的皇帝为了节省开支，甚至带头节俭，也是一日两餐。传说宋高宗就是早上一个饼、晚上一碗面，中午不吃饭，饿了就练书法，忍忍就过去了。（《清波杂志》卷一《思陵俭德》）康熙皇帝也是如此，《清稗类钞》中记载，康熙曾对大臣说：“尔汉人一日三餐，夜又饮酒。朕一日两餐，当年出师塞外，日食一餐。”

除了一日两餐、三餐的，历朝历代还有很多统治者是一日多餐的。如慈禧太后，据说一天至少吃五顿饭。宣统皇帝因为肠胃不好，也是少食多餐的，有时候一天能吃六顿饭。

图 87　北宋 · 赵佶《文会图》（局部），台北故宫博物院藏

88. 古代七夕有哪些饮食习俗?

七夕又叫乞巧节、女儿节、双七节、双星节、香桥会等，是中国古代的重要节日。上古时期，人们根据织女星的位置来确定时间坐标。《汉书·律历制》中记载："织女之纪，指牵牛之初，以纪日月，故曰星纪。"后来，牛郎、织女双星逐渐被拟人化。牛郎织女农历七月初七相会的传说早在云梦睡虎地的秦简中就有提及："戊申、己酉，牵牛以取（娶）织女，不果。"东汉应劭的《风俗通义》中也有"织女七夕当渡河，使鹊为桥"的记载。

七夕的饮食，在汉代就常设"几筵"，准备"酒脯时果"，并"散香粉于筵上"。南北朝时，七夕逐渐从乞福、乞寿、乞子的节

图 88　清·任颐《乞巧图》（局部），故宫博物院藏

日，变为只乞织女的女工神巧，成为妇女的活动。活动当天，多以各类时果作为祭品，还有妇女们精心准备的各式面点，这些被称为“乞巧果子”或“巧果”。唐宋时，七夕期间市场上已有“巧果”售卖。七夕节主要的活动是在农历七月初七晚上，各家陈设瓜果食品，并在庭中焚香祭祀牵牛、织女双星乞巧，而所供的瓜果食品，不同朝代和地区略有不同。宋末元初时，周密所撰《武林旧事》中记载，当时的临安府“七夕节物，多尚果食物、茜鸡”，“茜鸡”是用茜草熬制鸡肉。茜草将鸡肉染成红色，有着吉祥的寓意。元代时，人们常在七夕节做大棚，张挂牵牛织女图，陈瓜果、酒、饼、蔬菜、肉脯等。到了清代，北方地区民间会设果酒、豆芽、具果鸡和一些蒸食，街市会售卖巧果，家中设宴欢聚一堂。南方不同地区的巧果各具特色。在苏州，七夕前“市上已卖巧果以面和糖，绾作苎结之形，油氽令脆者，俗呼为苎结”。江浙地区还有用糯米加糖，油炸制成的巧果。菱角、花生、瓜子等也是七夕常见的食品。

89. 为什么说“美食不如美器”？

图 89-1　唐・凸纹玻璃杯
陕西历史博物馆藏

“美食不如美器”一语是清代文学家袁枚在《随园食单》中提出的，他认为应当“宜碗者碗，宜盘者盘，宜大者大，宜小者小，参错其间，方觉生色……大抵物贵者器宜大，物贱者器宜小。煎炒宜盘，汤羹宜碗，煎炒宜铁锅，煨煮宜砂罐”。他认为应该为菜肴选择合适的器皿，这样可以将菜肴摆放得错落有序，更为美观舒适，但并不需要追求奢靡贵重的器具。如果执着于刻板的“十碗八盘”，“便嫌笨俗”。他还认为，炊具的材质也会影响菜品的味道。

美食、美器的和谐统一，也是人们对于饮食器具在实用之外的新追求。从原始的陶器，到青铜器、漆器、金银器、瓷器等，不断发展的制作工艺和日渐精美的外观，都体现着这样的审美目标。历代也

图 89-2　宋・玛瑙碗
中国国家博物馆藏

有许多脍炙人口的诗句体现了这一点。唐代诗人杜甫在《丽人行》中写道："紫驼之峰出翠釜，水精之盘行素鳞，犀箸厌饫久未下，鸾刀缕切空纷纶。"红褐色的驼峰羹盛放在翠色的碗中，白鱼装在晶莹的水晶盘中，宴中还使用犀角筷和装饰了小铃铛的小刀，美食和美器和谐融洽，浑然一体。除了美食，美酒的器具搭配也有特别的讲究，唐代就留下了"葡萄美酒夜光杯""兰陵美酒郁金香，玉碗盛来琥珀光"这样的诗句。

图 89-3　清・鎏金刻花银执壶 中国国家博物馆藏

图 89-4　明・嵌宝石龙纹金托金爵，定陵博物馆藏

90. 古代老人寿诞吃什么?

图 90　齐白石
《二寿图》(局部)

中国民间有“不到花甲不庆寿”的说法，老人做寿一般是从60岁开始的。

给老人做寿有吃长寿面的习俗，这一习俗大约形成于唐代。《新唐书》载，唐玄宗的王皇后因为被疏远而向玄宗哭诉。她回忆说，在玄宗还未登基时，她的父亲曾脱掉自己的衣服换了一斗面粉，为玄宗做了“生日汤饼”。这种生日汤饼大约就是一种又细又长的面条。后世便继承了这个习俗，宋代时人们称之为“长命面”，明代以后则称为“长寿面”或“寿面”。长寿面一般越长越好，寓意长命百岁。

除了长寿面，寿桃也经常出现在寿诞的宴会上。中国古代神话里，桃很早就和长寿联系到一起了。《太平御览》中引西汉东方朔的《神异经》载：“东北有树焉，高五十丈，其叶长八尺、广四五尺，名曰桃。其子径三尺二寸，小狭核，食之令人寿。”《西游记》里的蟠桃设定大约是受到这类传说的影响，也被赋予了类似的效果。3000年一熟的蟠桃“人吃了成仙了道，体健身轻”；6000年一熟的“人吃了霞举飞升，长生不老”；9000年一熟的“人吃了与天地齐寿，日月同庚”。但是由于古代种植技术的限制，新鲜的桃子不是随时都能吃到的，于是人们发明了面桃作为替代。后来出现了“子母桃”，一个大面桃周围一圈小面桃，象征子女为长辈祝寿。

91. 古代丧葬有什么食俗?

中国人自古就十分重视丧葬，甚至将丧礼列入传统“五礼”，称之为“凶礼”。饮食活动是丧葬仪式中的重要部分。

中国古代人们视死如生，民以食为天，因为活着的人就非常重视吃饭，也不希望去世的亲人成为“饿死鬼”，所以通常会以食送葬。人刚死时，人们会将丝绵放在死者鼻孔下，看是否还有气，然后将米粒放入死者口中，这一做法被称为“属纩含饭”。死者去世后往往要停尸3日（有的地方5日或7日）再安葬，接受亲友的吊唁。其间也是“事死如事生”，人们依照生者的一日三餐对待死者。一些地方，人们会在送殡的沿途撒上饭汤。下葬时，也常在坟墓中放入酒食。

亲人去世后，儒家还要求孝子“茹素”以表示哀戚。《论语》中说：“夫君子之居丧，食旨不甘，闻乐不乐，居处不安，故不为也。”在汉武帝时更是如此，由于“罢黜百家，独尊儒术”，“茹素”习俗也就更为普遍了。但到了东汉后期，这一习俗逐渐发生了改变，也有人居丧时开始饮酒吃肉。到了宋代时，不光居丧饮酒更为普遍，还有参加宴饮的现象，但士大夫还是坚持大力倡导居丧“茹素”，并制定了更多的丧葬礼仪制度。宋代以后，全国各地和不同阶级的风俗习惯差异便比较大了，有文人孝子遵循古礼，也有人和平时一样饮酒吃肉。

92. 古代元宵节有什么饮食习俗?

元宵节又称“上元节”“元夕节”，俗语有“正月半，龙灯看”的说法，因此民间也称元宵节为“灯节”。南宋周密在《武林旧事》中记载当时的都城临安一如正月，灯火日盛，“竞出新意，年异而岁不同”，正月十五夜则“风箫声动，玉壶光转”。

在饮食上，宋之前就开始出现了汤圆的雏形：在开水锅里放入糯米粉、白糖，配以蜜枣、桂花、桂圆等制成各式甜味圆子羹，实际上就是一种无馅圆子。

到了南宋，《武林旧事·元夕》中就有大篇幅记载元宵节当天的美食：“节食所尚，则乳糖圆子、科斗粉、豉汤、水晶脍、韭饼及南北珍果，并皂儿糕、宜利少、澄沙团子、滴酥鲍螺、酪面、玉消膏、琥珀饧、轻饧、生熟灌藕、糖瓜蒌、煎七宝姜豉、十般糖……之类，皆用镂鍮装花盘架车儿，簇插飞蛾红灯彩盝，歌叫喧阗。”其中的乳糖圆子与如今我们吃的汤圆相似，但做法上更加考究，尤其是汤汁，多用桂花糖蜜渍，或加牛乳作为汤底。而用牛乳做汤底的，吃法上有些像我们现代的珍珠奶茶。除了甜口的乳糖圆子，还有咸口的韭饼，类似我们今日的春卷，饼皮里裹着的是韭黄肉馅，寓意长长久久。

这些美味的点心常被放在一个个小食盒里，用五彩斑斓的丝线挂在小车上，吸引着民间的少女们和贵妇们争相购买。卖这些甜食的小商贩们还很狡猾，不买就堵塞道路不走。姜夔有诗云：“贵客钩帘看御街，市中珍品一时来。帘前花架无行路，不得金钱不肯回。”

图 92　明·佚名《明宪宗元宵行乐图》（局部），中国国家博物馆藏

93. 古代清明节有什么饮食习俗?

清明节，因为时逢农历三月，春风和煦、天地明净、空气清新，故名“清明”节，又名踏青节、行清节、三月节、祭祖节。清明本为二十四节气之一，但是由于它在一年季节变化中占有特殊地位，加上寒食节的并入，清明便成为一个重要的节日。

古代寒食节禁用烟火，人们只食预先做好的熟食，因为吃的时候已经放置凉了，故谓之“寒食”。此俗来源一说是为纪念介子推，春秋时晋文公重耳下令在忠臣介子推死亡日禁火寒食，以寄哀思。大约到了唐代，寒食节与清明节合而为一，节日里有扫墓祭祖、插柳、植树、荡秋千等活动。鲁迅的胞弟、社会活动家周建人在《鲁迅故家的败落》一书中曾提到，祭祀的仪式庄重且烦琐，对祖先和山神各有一篇祭文。墓前供八荤两素十大碗，还有三色水果、百子小馒头、坟饼、酒等。

清明正值暮春三月，人们还将扫墓和郊游结合起来，到野外作春日之游，然后围坐饮宴，形成了遍及全国南北的踏青之俗，如晚唐诗人王驾诗云“桑柘影斜春社散，家家扶得醉人归”。

江南一带清明节有吃青团的风俗习惯。青团用艾草或麦汁配上糯米磨成的米粉制成绿色团子，馅心常用豆沙。制成后的青团油绿如玉、糯韧绵软、入口清香。浙南闽北地区也有制作青团的风俗，用鼠曲草捣揉后拌糯米粉包入豆沙或春笋鲜肉等，称为“清明果”。

图 93　内宴冷餐
引自王宏力《古代风俗百图》

94. 古代端午节有什么饮食习俗?

端午节又称端阳节、重午节，传统说法都认为端午节源于纪念屈原的活动，然而专家学者在考证之后提出了“恶日禁忌”和“祭龙活动”两种新的起源学说。

端午节食用的粽子，起源于南方祭祀制作的“角黍”。在历史发展的过程中，这些习俗互相融合，直到屈原传说的加入，为它们添上了新的神话浪漫主义色彩，端午从此才成为一个重要的节日。

端午节的食俗除了人们所共知的吃粽子，我国各地还有丰富多彩的食俗习惯。以前，在长江流域端午饮雄黄酒的习俗极为盛行。明代冯应京《月令广义》中写道：“五日用朱砂酒，辟邪解毒，用酒染额胸手足心，无会虺（古书上说的一种毒蛇）蛇之患。又以洒墙壁门窗，以避毒虫。”雄黄酒有杀菌驱虫的功效，在没有消毒剂的年代，用雄黄泡酒，可以祛毒解痒。未成年的小孩子不能饮酒，大人们便会在小孩子的额头、手足、耳鼻处涂抹雄黄酒，消毒杀菌，防止蚊虫叮咬。不过，雄黄酒有微毒，如今少有人饮了。

我国许多地方有着端午食“五黄”的习俗，如雄黄酒、黄豆、黄瓜、咸蛋黄、黄鳝等。江汉平原每逢端午节时，除了吃粽子，必食黄鳝。黄鳝又名鳝鱼、长鱼等。端午时

右／图 94-1　清·徐扬《端阳故事图》册之《裹角黍》（局部），故宫博物院藏

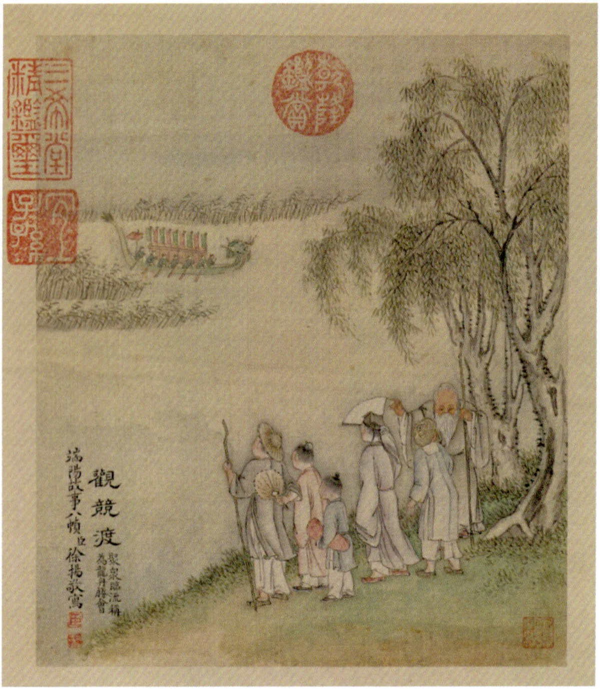

图 94-2　清・徐扬《端阳故事图》册之《观竞渡》（局部）
故宫博物院藏

节的黄鳝，圆肥丰满，肉味鲜美，营养丰富，不仅食味好，而且具有滋补功能。因此，民间有“端午黄鳝赛人参”之说。

端午这天，吉林省延边朝鲜族会按习俗惯例举行盛大的祭典活动。人们饮酒跳舞、尽情玩乐，还举办传统的摔跤比赛。这一天，延边最有代表性的食品是清香的打糕：把艾蒿与糖米饭放在用独木凿成的大木槽里，用长柄木槌打制而成的糯米糕。

95. 古代中秋节有什么饮食习俗?

图 95-1　清·木刻“中秋明月”月饼模子，北京民俗博物馆藏

中秋节又称仲秋节、团圆节。按我国农历，八月居七、八、九三个月之二，按古时“伯仲叔季”的顺序，八月叫仲秋，而八月十五在仲秋之中，故称“中秋”。旧时的中秋节，阖家欢聚，赏月、饮酒、吃月饼，以示祝福，喜庆团圆。因而中秋节又称团圆节。

中秋过节始于唐代，传说唐明皇就是中秋游月宫后回来才创作的《霓裳羽衣曲》。宋代吴自牧《梦粱录》中也有中秋节“临轩玩月……安排家宴，团聚子女，以酬佳节”的记载，形成风气。旧时，女子还要在家中拜月。这种习俗在苏州无锡一带被称为“斋月宫”，浙南一带称之为“照月光”。朗月当空，女子们在庭院内摆上供桌，供上香烛、月饼，还有菱角、莲藕、柿子、栗子等节令食品，祈求嫦娥仙子赐予人间太平。宋代时由胡饼转变而来的月饼也已成为特定节庆食品。苏东坡就有《小饼》诗：“小饼如嚼月，中有酥与饴。”

图 95-2　月饼模子，吉林省博物院藏

明代以来关于中秋节赏月、吃月饼的记载更丰富。月饼用作祭月和亲朋之间互赠的礼物流行于民间。《西湖游览志》中记载：“中秋民间以月饼相遗，取团圆之义。”明末彭蕴章在《幽州风俗》中写

道："月宫饼，制就银蟾紫府影，一双蟾兔满人间。悔煞嫦娥窃年药，奔入广寒归不得，空劳至杵驻丹颜。"说明厨师将嫦娥奔月的图案巧妙地再现于月饼之上。

96. 古代重阳节有什么饮食习俗?

重阳节在夏秋交接之际，"九九重阳"寓意吉祥，自古有登高祈福、秋游赏菊、饮菊花酒、食重阳糕等习俗。

菊花酒又名黄花酒、落英酒、东篱酒。重阳节所饮的菊花酒在古代被视为延年益寿的长命酒。《西京杂记》中就记载了菊花酒的做法，在"菊花舒时"，采其花瓣与茎叶，掺在蒸好的黍米中拌上酒曲发酵，"至来年九月九日始熟就饮焉"。菊花酒虽然达不到古人所说的"令人不老"的奇效，但它确实具有一定的清热解毒、平肝舒肺等保健功能，且菊花香气浓郁，亦可提神醒脑、舒缓精神。

糕类食品汉代就有，当时称"饵"，主料是米粉，也添加黍米粉，"合蒸曰饵"。九月谷黍成熟，人们便用之蒸糕食用，同时奉献给神明做祭品。自六朝以来，重阳节习俗逐渐形成，重阳糕成为普遍的节令食品。"七月刈禾伤早，九月吃

图 96　清·《十二月月令图·九月》（局部）
台北故宫博物院藏

糕正好。”（《隋书·五行志上》）南宋吴自牧在《梦粱录》中记载九月初九时临安百姓多“以糖面蒸糕，上以猪羊肉、鸭子为丝簇饤，插小彩旗，名曰‘重阳糕’”。除了杭州，江南各地还有各种不同种类的重阳糕。比如清代袁枚在《随园食单》中提到的栗糕：“煮栗极烂，以纯糯米粉加糖为糕蒸之，上加瓜仁、松子。此重阳小食也。”苏州人还在糕的表面涂上“浆水”染色，用红曲粉调制的浆水染制红糕，大麦青汁调制的浆水染制绿糕，南瓜泥调制的浆水染制黄糕。吃过了重阳糕，秋季的清冷就变得更加真切了。

97. 古代冬至有什么饮食习俗?

古人以阴阳二气的运动理解自然季节变化，以为“夏尽秋分日，春生冬至时”，因而有云：“冬至，阳气起，君道长，故贺。”冬至在古代地位极为重要，围绕冬至形成了丰富多彩的习俗活动。

冬至普遍食用水饺或馄饨，“冬至饺子夏至面”。清末的《燕京岁时记》里记载“夫馄饨之形，有如鸡卵，颇似天地混沌之象，故于冬至日食之”。南宋周密在《武林旧事》中提到，南宋临安在冬至日用馄饨祭祖，“冬馄饨，年馎饦”，有钱人家讲究新奇，“一器凡十余色，谓之‘百味馄饨’”。同时代的《岁时广记》中也记载有北宋开封“冬至多食馄饨”。

除了馄饨，南方地区的冬至食俗更为多样。旧时老百姓自家磨米粉制作团子，用肉、菜、萝卜丝等做馅，蒸熟后祭祖和馈赠亲友，称冬至团。另外，汤圆也是冬至的节令食物。用炒熟的黑芝麻、糖和猪油做馅儿，包好入滚水煮熟。因为汤圆在锅中浮浮沉沉，因此古代又称其为“浮元子”。南宋史浩曾描写过煮汤圆的场景：“玉屑轻盈，鲛绡霎时铺遍。看仙娥、骋些神变。咄嗟间，如撒下、真珠一串。火方燃，汤初滚，尽浮锅面。”另外，南方部分地区冬至还食用赤豆糯米饭，嘉兴

图 97　清·《十二月月令图·十二月》（局部）
台北故宫博物院藏

吃桂圆烧蛋。在苏州，人们还会在冬至时饮用轻微发酵的低度冬酿酒，这一习惯保留至今。

98. 为什么腊八节要吃腊八粥?

腊八这一天喝腊八粥这一习俗的来历，与佛陀成佛的故事有关。

农历十二月初八这天是佛祖释迦牟尼成道之日，古印度人为了不忘佛祖成道以前所受的苦难，也为了纪念佛祖在十二月初八悟道成佛，便在这天以吃杂拌粥作为纪念。自从佛教传入中国，各寺院在这一天都用香谷和果实做成粥赠送给门徒和善男信女们。到了宋代，民间逐渐形成在“腊八”当天熬粥和喝粥的习俗，并延续下来。徐珂在《清稗类钞》中记述：“腊八粥始于宋，十二月初八日，东京诸大寺以七宝五味和糯米而熬成粥，相沿至今，人家亦仿行之。”南宋吴自牧《梦粱录》载：“此月八日，寺院谓之腊八。大刹等寺，俱设五味粥，名曰腊八粥。”

历朝历代“腊八粥”的做法略有不同。《武林旧事》中记载：“用胡桃、松子、乳蕈、柿栗之类作粥。”《燕京岁时记》中记载清代的做法则更为复杂：“腊八粥者，用黄米、白米、江米、小米、菱角米、栗子、红江豆、去皮枣泥等，合水煮熟，外用染红桃仁、杏仁、瓜子、花生、榛瓤、松子及白糖、红糖、琐琐葡萄，以作点染。”

从清代开始，每年的腊八节，北京的雍和宫都要举行盛大的腊八仪式，由王公大臣亲自监督进行。《燕京岁时记》载：“雍和宫喇嘛于初八日夜内熬粥供佛，特派大臣监视，以昭诚敬。其粥锅之大，可容数石米。”

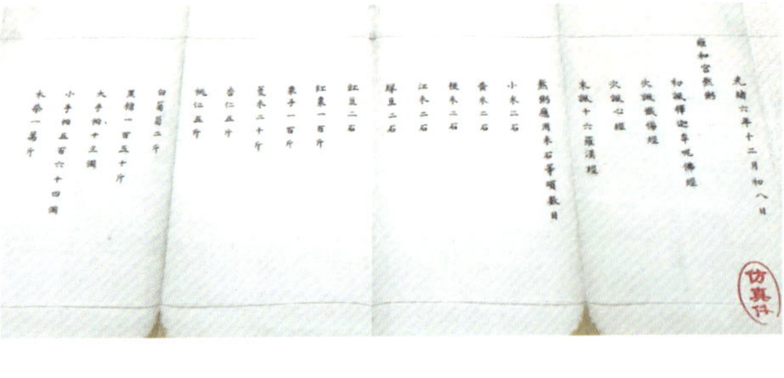

图 98　北京雍和宫的腊八粥配方

99. 小年有什么饮食习俗?

图 99-1　跳灶王
引自王宏力《古代风俗百图》

“小年”也叫祭灶、灶神节、送灶等，是大年的前奏，提前烘托出过年的气氛。“小年”的具体日子古代曾有过“官三民四船五”的说法，是指城里的官宦之家腊月二十三祭灶过小年，普通百姓腊月二十四，而船民们则是腊月二十五。清乾隆帝《祭灶》诗中“乡村腊廿四，家家祭灶王。城中二十三，比户灯烛张”正是说的这一习俗。《帝京景物略》中也记载：“廿四日，以糖剂饼、黍糕、枣栗、胡桃、炒豆祀灶君，以糟草秣灶君马，谓灶君翌日朝天去，白家间一岁事。”

宋代以前，人们祭灶大多使用酒肉。宋代以后，祭灶的食品逐渐发生变化，饴糖逐渐成为主要祭品。《武林旧事》中载：“二十四日，谓之交年。祀灶用花饧、米饵。”花饧就是饴糖，《东京梦华录》中提到的小年前后的“胶牙饧”大约也是类似的东西。因为这种饴糖常被用来祭灶，后来也被称为“灶糖”。有些地区还会将糖做成瓜形，所以也叫“糖瓜”。

关于为何用饴糖祭灶，存在不同的传说。一种说法是灶神年底要上天汇报工作，内容就是一家一年内的所有善恶之事，但人们不希望灶神说坏话，就用黏度很高的饴糖黏住灶神的嘴，不让他说

图 99-2 祭灶、吃灶糖
引自王宏力《古代风俗百图》

话；还有一种说法是为了让灶神吃完糖多说甜言蜜语，为人们说好话。《东京梦华录》中还记有“以酒糟涂抹灶门”的习俗，让灶神喝醉就不能说话了，也是类似的目的。关于祭灶的习俗，范成大还写了一首《祭灶词》描述了祭灶的场景，诗曰：“古傅腊月二十四，灶君朝天欲言事。云车风马小留连，家有杯盘丰典祀。猪头烂熟双鱼鲜，豆沙甘松粉饵圆。男儿酌献女儿避，酹酒烧钱灶君喜。婢子斗争君莫闻，猫犬触秽君莫嗔。送君醉饱登天门，杓长杓短勿复云，乞取利市归来分。”

100. 古代过年有哪些饮食习俗?

春节就是农历的“新年”，是汉民族和部分少数民族的传统节日。据说“五帝”之一的颛顼以农历正月为元，初一为旦。后历代岁首日期不尽一致。辛亥革命后，农历正月初一改称春节，阳历（公历）1月1日称新年。腊月三十是农历年的最后一天，俗称“年三十”，也叫“大年夜”，此日既是旧年的结束，也意味着新年的开始，在这一天里，人们辛勤地准备着、筹办着，心中充满了对新一年的期盼。

根据《荆楚岁时记》记载，南北朝时期，南朝宫廷过年的时候，会食用一道名为“五辛盘”的菜肴。所谓“五辛盘”，就是将大蒜、小葱、韭菜、芸苔、胡荽等5种香辛蔬菜，装在一个盘子里食用，有点儿像如今过年餐桌上的素菜冷拼盘。唐代名医孙思邈在《食忌》中指出：“正月之节，食五辛以辟疠气。”意为食用辛辣的蔬菜，可发散表

图 100-1　中国国家博物馆“饮食文化展”中的年夜饭

汗，预防时疫和流感。

在民间，过年的饮食习俗更是多种多样，北方过年一定要吃饺子，取更岁交子之意。包饺子讲究皮薄、馅足、捏紧，忌讳“烂”和“破”。若万一不慎捏烂、煮破，也只能说“挣”了。有的地区会在个别饺子里包入硬币，谁吃出来谁就财运亨通。此外，还有山东地区吃素馅饺子，泰安一带吃黄面窝窝，河南地区的吃名曰“银线吊葫芦”或“金丝穿元宝”饺子煮面条等。

在南方，春节会置办一桌丰盛的年夜饭，吃的时候还要讲究讨口彩：肉圆——寓意团团圆圆；蛋饺——形似金元宝，寓意招财进宝；长梗青菜——“梗”与“庚”同音，因此，称其为“长庚菜”，有长寿的寓意；黄豆芽——两头弯曲似如意，称“如意菜”。

图 100-2 清·郎世宁《弘历雪景行乐图》(局部)
故宫博物院藏

参考文献

[1]孙机.中国古代物质文化[M].北京：中华书局，2014.

[2]孙机.汉代物质文化资料图说[M].北京：中华书局，2020.

[3]孙机.仰观集：古文物的欣赏与鉴别[M].北京：文物出版社，2015.

[4]赵荣光.中华饮食文化史[M].杭州：浙江教育出版社，2015.

[5]赵荣光.中华饮食文化概论[M].北京：高等教育出版社，2018.

[6]赵荣光.中国古代庶民饮食生活[M].北京：商务印书馆国际有限公司，1997.

[7]林乃燊.中国古代饮食文化[M].北京：商务印书馆，1997.

[8]季鸿崑.中国饮食科学技术史稿[M].杭州：浙江工商大学出版社，2015.

[9]邱庞同.知味难：中国饮食之源[M].青岛：青岛出版社，2015.

[10]邱庞同.中国面点史[M].青岛：青岛出版社，2010.

[11]邱庞同.中国菜肴史[M].青岛：青岛出版社，2010.

[12]邱庞同.饮食杂组：中国饮食烹饪研究[M].济南：山东画报出版社，2008.

[13]伊永文.明清饮食[M].北京：中国工人出版社，2023.

[14]伊永文.宋代市民生活[M].北京：中国社会出版社，1999.

[15]王仁湘.往古的滋味：中国饮食的历史与文化[M].济南：山东画报出版社，2006.

[16]王仁湘.中国史前饮食史[M].青岛：青岛出版社，1997.

[17]王仁湘.味无味：餐桌上的历史风景[M].成都：四川人民出版社，2013.

[18]王仁湘，张征雁.中国滋味：盐与文明[M].沈阳：辽宁人民出版社，2007.

[19]王赛时.唐代饮食[M].济南：齐鲁书社，2003.

[20]王赛时.中国酒史[M].济南：山东大学出版社，2018.

[21]黎虎.汉唐饮食文化史[M].北京：北京师范大学出版社，1998.

[22]洪光住.中国食品科技史稿[M].北京：中国商业出版社，1985.

[23]洪光住.中国酿酒科技发展史[M].北京：中国轻工业出版社，2001.

[24]廖宝秀.历代茶器与茶事[M].北京：故宫出版社，2018.

[25]徐海荣.中国饮食史[M].杭州：杭州出版社，2014.

[26]姚伟钧，刘朴兵，鞠明库，等.中国饮食典籍史[M].上海：上海古籍出版社，2011.

[27]姚伟钧.荆楚饮食文化史[M].武汉：湖北科学技术出版社，2021.

[28]王辉.秦汉的飨宴：中华美食的雄浑时代[M].北京：北京日报出版社，2022.

[29]王利华.中古华北饮食文化的变迁[M].北京：生活·读书·新知三联书店，2018.

[30]张景明，王雁卿.中国饮食器具发展史[M].上海：上海古籍出版社，2011.

[31]刘朴兵.餐桌上的中国[M].济南：齐鲁书社，2022.

[32]曹雨.中国食辣史[M].北京：北京联合出版公司，2022.

[33]李昕升，马浩然.食日谈：餐桌上的中国故事[M].南京：江苏凤凰科学技术出版社，2023.

[34]要云.臭食志[M].北京：北京联合出版公司，2022.

[35]钱仓水.中华蟹史[M].桂林：广西师范大学出版社，2019.

[36]《先秦烹饪史料选注》编委会.先秦烹饪史料选注[M].北京：中国商业出版社，2021.

[37]严仲铠，丁立起.中华食疗本草[M].北京：中国中医药出版社，2018.

[38]阎崇年.中国古代都市生活史[M].北京：华文出版社，2022.

[39]邵万宽.中国烹饪概论[M].北京：旅游教育出版社，2022.

[40]罗桂环.中国栽培植物源流考[M].广州：广东人民出版社，2018.

[41]张天柱，张德纯，王庆娟.蔬之史话[M].北京：中国轻工业出版社，2023.